创意服装设计系列

丛书主编 李 正

服装
款式创意设计

岳 满 陈丁丁 李 正 编著

化学工业出版社

·北京·

内容简介

本书立足于服装款式创意设计的新思路和实际需求，将系统理论和设计实践相结合，分别从款式创意设计概述、创意设计理论、创意设计思维、创意设计灵感、创意设计构成与表现、款式图表达及作品赏析等多角度来解析何为服装款式创意设计，同时强调其重要性。全书结构严谨清晰，理论联系实际，内容丰富新颖，技术准确、科学，富有可操作性。

本书以给定主题的方式训练读者的实践能力，符合现在大中院校普遍推广的项目式教学模式。本书适合于高等教育类、高职高专类服装设计专业及艺术设计相关专业的师生使用，也可以为从事服装设计、经营、策划和管理的专业人员及服装爱好者提供帮助。

图书在版编目 (CIP) 数据

服装款式创意设计 / 岳满，陈丁丁，李正编著． —北京：
化学工业出版社，2021.4
　（创意服装设计系列 / 李正主编）
　ISBN 978-7-122-38419-5

Ⅰ．①服… Ⅱ．①岳… ②陈… ③李… Ⅲ．①服装设
计 Ⅳ．① TS941.2

中国版本图书馆 CIP 数据核字（2021）第 017191 号

责任编辑：徐　娟　　　　文字编辑：李　曦　　　　版式设计：中图智业
责任校对：王素芹　　　　　　　　　　　　　　　装帧设计：刘丽华

出版发行：化学工业出版社（北京市东城区青年湖南街 13 号　邮政编码 100011）
印　　装：北京瑞禾彩色印刷有限公司
787mm×1092mm　1/16　印张 10½　字数 250 千字　2021 年 6 月北京第 1 版第 1 次印刷

购书咨询：010-64518888　　售后服务：010-64518899
网　　址：http://www.cip.com.cn
凡购买本书，如有缺损质量问题，本社销售中心负责调换。

定　　价：68.00 元　　　　　　　　　　　　　　　　版权所有　违者必究

序

常态下人们的所有行为都是在接收了大脑的某种指令信号后做出的一种行动反应。人们先有意识而后才有某种行为，自己的行为与自己的意识一般都是匹配的，也就是二者之间总是具有某种一致性的，或者说人们的行为是受意识支配的。我们所说的意识支配行为又叫理论指导实践，是指常态下人们有意识的各种活动。艺术设计思维是艺术设计与创作活动中最重要的条件之一，也是艺术设计层次的首要因素，所以说"思维决定高度，高度提升思维"。

"需求层次论"告诉我们一个基本的道理：社会中的人类繁杂多样各不相同，受文化、民族、宗教、地缘气候与习性等因素的影响，无论是从人的心理方面研究还是从人的生理方面研究，人们的客观需求与主观需求都有很大的差异。所以亚伯拉罕·马斯洛提出人们有生理需求、安全需求、社交需求、尊重需求、自我实现需求五个不同层次的需求。尽管人们对需求层次论有各种争议，但是人类的需求层次存在差异性应该是没有异议的，这里我想说明艺术设计思维也是具有层次差异性的，每一位艺术设计师必须牢牢记住这个基本的问题。

基于提升艺术设计思维的层次，我们的团队在一年前就积极主动联系了化学工业出版社，共同探讨了出版事宜，在此特别感谢化学工业出版社给予本团队的大力支持与帮助。2017 年我们组织了一批具有较高成果显示度的专业设计师、研究设计理论的学者、艺术设计高校教师等近20 人开始计划、编撰创意服装设计系列丛书。

杨妍老师是本团队的骨干，具体负责本系列丛书的出版联络等事项。杨妍老师认真负责，做事严谨，在工作中表现得非常优秀。她刻苦自律，参与编著了《服装立体裁剪与设计》《服装结构设计与应用》，本系列丛书能顺利出版在此要特别感谢杨妍老师。

作为本系列丛书的主编，我深知责任重大，所以我也直接参与了每本书的编写。在编写中我多次召集所有作者召开书稿推进会，一次次检查每本书稿，提出各种具体问题与修改方案，指导每位作者认真编写、完善书稿。

本次共计出版 7 本图书，分别是：岳满、陈丁丁、李正的《服装款式创意设计》；陈丁丁、岳满、李正的《服装面料基础与再造》；徐慕华、陈颖、李潇鹏的《职业装设计与案例精析》；杨妍、唐甜甜、吴艳的《服装立体裁剪与设计》；唐甜甜、龚瑜璋、杨妍的《服装结构设计与应用》；吴艳、杨予、李潇鹏的《时装画技法入门与提高》；王胜伟、程钰、孙路苹的《服装缝制工艺基础》。

本系列丛书在编写工作中还得到了王巧老师、王小萌老师、张建设计师、张鸣艳老师以及徐倩蓝、韩可欣、于舒凡、曲艺彬等同学的大力支持与帮助。她们都做了很多具体的工作，包括收集资料、联系出版、提供专业论文等，在此表示感谢。

尽管在编写书稿的过程中我们非常认真努力，多次修正校稿再改进，但本系列丛书中也一定还存在不足之处，敬请广大读者提出宝贵的意见，便于我们再版时进一步改进。

苏州大学艺术学院教授、博导　李正

2020 年 8 月 8 日　于苏州大学艺术学院

前　言

服装设计行业属于时尚创意产业的范畴，它引领着人们时尚美的生活模式、推动着生活美学观念的提升，所以服装设计必须走在时代前沿。前沿的服装设计当然是时尚产业的核心内容之一，创新设计又是时代时尚的灵魂，这些基本道理我们每一位从事服装设计的人员都应该很清楚。

许多年来，我国对服装款式的研究和设计在诸多方面受着中国式传统方法的制约，关于这一点，我们可以从一些服装的造型上看出。简单地来对比一下中西服装的外形可视效果就会有很多不同的感受。科技的突飞猛进、高科技成果在服装设计中的应用，使我们对传统的服装款式有了新的认识，我们必须要对传统的设计进行改进、更新，用现代的思维和科学手段来完善它、发展它。为了满足我国高等院校服装设计课程和服装爱好者的需要，在充分借鉴、吸收前人和同行已有成果的基础上，我们结合多年的课堂和实践教学经验，整理、编著了这本《服装款式创意设计》。

本书共7章，内容包括：服装款式创意设计概述、创意设计理论、创意设计思维、创意设计灵感、创意设计构成与表现、款式图表达及创意设计作品赏析等。希望本书能对服装设计教学课程的完善有所帮助，对服装设计专业的学生和服装爱好者能有所借鉴和启迪。

本书由岳满、陈丁丁、李正编著，苏州大学艺术学院的研究生翟嘉艺、夏如玥、徐文洁、林艺涵等都积极为本书提供了大量的图片资料，花费了大量的精力，在此表示感谢。

为了高质量完成本书，我们投入了大量的时间与精力，先后数次召开编写会议，不断讨论与修改。但由于编著时间比较仓促，加之编著者水平所限，不足之处在所难免，请有关专家、学者提出宝贵意见，以便修改。

编著者

2020 年 12 月

目　录

目 录

目　录

第一章
服装款式创意设计概述

我们研究服装款式创意设计，首先，要进行服装有关的基础理论研究，在理论研究的基础上用务实和科学的手段进行实践；其次，要善于在实践中求证和发展理论，用科学的发展观使我们最终达到全面正确地认识服装款式创意设计。

服装设计以服装为载体，运用恰当的设计语言，通过一定的思维形式、美学规律和设计程序，将设计师的思想与设计概念、主题、时尚流行融合在一起，最终以物化的形式完成对整个着装状态的创作，如图 1-1 所示。作为现代设计的一个门类，服装设计需要综合考虑和分析消费者的不同需求，在赋予服装艺术与商业价值的同时，体现功能和审美的统一。

现在各个学科的知识大都是相互交叉、相互融合的复合体。服装款式创意设计既与自然科学有联系，也与社会科学有联系，因此要结合服装专业学习有关的科学文化知识，如世界通史、中国通史、哲学、美学、美术学、生理学、心理学、商品学、管理学、文学、民俗学、材料学等。只有学习和掌握了丰富的知识内容，才能更好地学习和研究服装款式设计知识，提高专业实践水平和理论水平。

图 1-1　服装效果图展示［作者：肯尼思·保罗·布洛克（Kenneth Paul Block）］

第一节　相关概念

一、服装

　　服装可以从两方面理解：一方面，"服装"等同于"衣服""成衣"，如"服装厂""服装店""服装模特""服装公司""服装鞋帽公司"等，其中"服装"均可用"衣服"或"成衣"来置换，特别是现在，用"成衣"来替代"服装"这两个字更为确切。"服装"在我国使用很广泛，在很多人的头脑中，"服装"是衣服的同义词。另一方面，服装是指人体着装后的一种状态，如"服装美""服装设计""服装表演"等，指包括人本身在内的一种状态美、综合美。"衣服美"只是一种物的美，而"服装美"则包含着穿着者本身这个重要的因素，是指穿着者与衣服之间、与周围的环境之间，在精神上的交流与沟通，是这种谐调的统一体所表现出来的一种状态美。因此，同样一件衣服，不同的人穿上会有不同的效果，有的人穿上美丽得体，有的人穿上则效果很差。服装的英文为 clothing、garments、apparel。

二、设计

　　设计 design 一词来自于拉丁语的 designare、意大利语的 disegno、法语的 dessin 的融合，最早源于拉丁语 designare 的 de 与 signore 的组词。signore 是记号的语义，从词义开始，又有了印迹、计划、记号等意义。现在 design 一词已经融入现代生活"计划后的记号再现"设计意义之中。dessin 和 design 本来是词义相同的，但是到了今天它们之间已有了一定的区别。dessin 的意义仅指绘画中的素描；而 design 的意义却相当广泛，一般是指意匠、设计、企图，就特别的机能提出的设想和方案。设计是有针对目的的，在人的头脑中预先描绘出来的蓝图，制作艺术作品、机械及其他物品时，对其诸要素的整理、考察等，在日本"意匠"与"设计"是有着同样意义的。

三、款式

　　服装款式又称为服装式样，主要指服装的外形结构形态与内部的细节，既是服装结构的形式特征，又是直接反映服装实用性、艺术性和社会性的具体表现。其研究的主要内容为：实用性需要有相适应的服装款式配合，艺术性、社会性都必须通过款式得以表现。服装款式设计具体表现在对款式的廓形、款式的细节、款式的局部及款式的分割等方面的设计。设计师必须掌握人们的消费心理，熟悉人们的生活习俗，了解时代市场的流行趋势，掌握基本的美学原理及款式图的绘制等多种技艺，根据自己的主观意向与客观需要，对服装的廓形与点、线、面、体的组合与分解，局部与整体，内容与形式等多方面进行综合性的运用。从某种意义上来看，人们对服装的研究在很大程度上是对款式的研究，它包括服装款式的构成、服装款式的总形变化、服装款式的细节、局部的变化等，如图 1-2 所示。

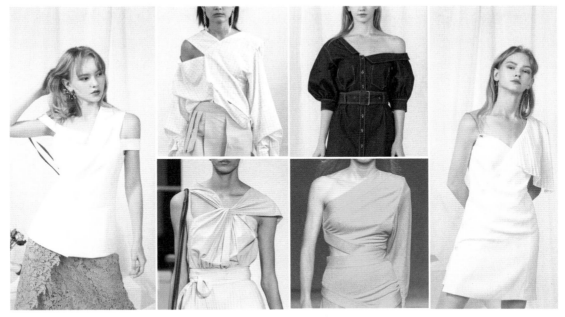

图 1-2　服装款式设计展示

四、创意思维

　　思维是人脑对客观事物本质属性和内在联系的概括与间接反映。以新颖独特的思维活动揭示客观事物本质及内在联系并指引人去获得对问题的新的解释，从而产生前所未有的思维成果称为创意思维，也称创造性思维。

　　从服装设计专业的角度来说，设计重要的是思维上的综合创造、创新，而不是描绘与模仿。任何设计作品都体现了创作者的思想，设计师的设计理念指导着整个艺术创作过程的思维活动。服装设计是艺术创作与实用功能相结合的设计活动，设计者必须具有充分的创新思维能力，这样才能从基础的服装形式中创作出更新、更美的服饰来。服装设计一般是先明确一个创意设想，然后收集资料，确定主题，进行设计。设计者要通过材料的选用、色彩的构想、结构尺寸的确定以及裁剪缝制工艺的制定等周密严谨的步骤来完善构思。只有在构思成熟后，动手制作才能一气呵成。设计服装切不可忘记：服装的根本是人，服装最终是给人穿着的，人是服装的主体。

　　服装设计的创意构思和一般的艺术创作活动既有共性又具个性。其共同点是它们都来自生活，来自创作者的思想指导，同时创作又都包含着构思与表达两个环节。不同之处在于艺术创作相对有更多的独立性和主观性，而服装设计必须通过生产环节与市场销售才能体现其价值，带有更多的依附性和客观性。由于服装设计的创作活动需要依赖人体，依靠纺织材料和加工生产，所以在创作构思中必须兼顾到这些必要的因素。

五、服装设计

服装设计是运用一定的思维形式、美学规律和设计程序，将其服装设计构思以绘画的手段表现出来，并选择适当的材料，通过相应的裁剪方法和缝制工艺，使其设想进一步实物化的过程。与其他造型艺术的设计相比，服装设计的特殊性在于它是以各种不同的人作为造型的对象。进一步讲，人的外在形体特征和内在心理因素制约着服装的造型结构。

服装设计不仅是对材料和色彩的设计，还是对人的整个着装状态的设计。对于不同国家、不同身份、不同年龄、不同性格的人，在服装的整体造型和局部结构的处理上，都是有所侧重和区别的。除此之外，在整体的服装造型中，还包括服装与服饰配件之间的搭配关系以及服装与材料之间的相互协调关系。同时，服装是处在相应环境之中的，在设计的过程中应考虑到服装与环境之间的整体协调关系，如图 1-3 所示。服装设计在造型上有三个主要因素，即款式、色彩和面料。

图 1-3 《Gentleman》服装设计作品展示（作者：岳满）

在这三个因素中，款式是首先要考虑的，款式的设计起到主题骨架的作用，是服装造型的基础；面料是体现款式的基本素材，无论款式简单或复杂，都需要用面料来体现，不同的款式要选用不同的面料；色彩是创造服装整体视觉效果的主要因素，从人们对物体的感觉程度来看，色彩是最先进入视觉感受系统的。此外，色彩常常以不同的形式和不同的程度影响着人们的情感和情绪。因此，色彩是创造服装的整体艺术气氛和审美感受的重要因素。

以上三个因素在服装设计和服装制作的过程中，是一种既相互制约，又相互依存的关系。

六、服装款式创意设计

服装款式创意设计是一个有序但是又充满设计变数的创新过程。具体来说，它是设计师将生活中得来的诸多表象素材作为材料，围绕一定的主题、倾向、服装款式进行构想，从而获得的设计作品。这一过程包括创意思维的构建和款式设计。创意思维的构建依赖于丰富的创意素材，这些素材孕育着灵感并指引着创意的方向，是设计行动的线索和脉络。对灵感的调研和探索越深入，服装款式创意设计的过程才会越顺畅，具体的服装设计表现才会越生动、越富有艺术感染力。

总的来说，服装款式创意设计是内容与形式的完美结合。在这个过程中强化创意的形式部分首先在于服装款式的基本设计要素的创新，其次是形式美原理的应用，最后控制各要素的平衡关系，将创新的款式视觉形象和情感传递给人们，体现出服装款式创意设计的价值，如图1-4所示。

图1-4 《西方遇上东方》服装设计作品展示（作者：陈丁丁）

第二节　服装款式创意设计的内涵与构成

一、服装款式创意设计的构成要素

服装款式设计作为一门思维创新艺术，它的整体美的形成和产生，集中了很多造型要素的合理运用以及形式美的基本规律和法则，体现了服装设计的美学原理。服装款式设计的要素包括点、线、面、体。

（一）点在服装款式设计中的运用

点是非常小的形象，几何学中的点是指细小的痕迹或物体。点是线的起点、终点或局部，是面的最大限度的分解，是最简单、最概括、最集中的视觉目标。

服装中的点就是指较小的形态，如扣子、胸花、点的图案（图1-5）、各种小装饰对象等。从服装设计的角度可以这样理解：在服装款式构成中，凡是在视觉中可以感受到的小面积的形态就是点。点在服装款式设计中是最小、最简洁也是最活跃的构成元素。

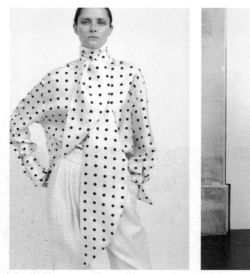

图1-5 点在服装中的运用1

点元素的不同运用会产生不同的效果。

（1）点在空间的中心位置时，会产生扩张、集中、紧张感。

（2）点在空间的一侧有不安定感、游动感。

（3）点在空间等距的位置时，能产生上下、左右、前后均衡的静感。

（4）点在空间中向某一方向倾斜时，具有方向性的运动感。

（5）一定数目大小不同的点做有序的排列，可产生节奏感和韵律感。

（6）一定数目的点做直线排列，有下垂感。

（7）较多数目、大小不等的点做渐变的排列，有立体感和视错感。

在服装款式设计中充分利用点元素的视觉要素，强调服装某一部分的设计重点，可以起到画龙点睛的作用，如服装中的纽扣、小的装饰物和点图案面料等。在服装款式设计中，常常运用点的大小、形状、位置、数量和排列的重叠变化、聚散变化，构成服装中各种类型的点饰，既可以活跃服装空间，增强服装的变化，又可以弥补掩饰人体的不足，起到了引人注目、诱导视线的作用，从而使服装起到更加美化人体的作用。点是服装款式设计中不可或缺的要素之一，点的艺术设计和灵活运用可以提高服装设计的艺术性与视觉美，如图1-6所示。

（二）线在服装款式设计中的运用

点的移动轨迹即构成了线。在几何学中，线只具有位置与长度，而不具有宽度和厚度。而在造型设计中，线具有位置、长度和宽度，还是一切边缘以及面与面的交界。

线有位置、长度及方向的变化，分为直线与曲线两大类。长短、粗细形态不同的线具有不同的表现力与特性，是服装款式设计中构成形式美的不可缺少的一部分，如图 1-7 所示。

图 1-6　点在服装中的运用 2　　　图 1-7　线条在服装中的运用

1. 直线的特征

直线是表示无限运动性的最简洁的形态，具有硬质、刚毅、简洁、单纯、理性、明快等特征。男性化的线条在服装款式设计中常表现出壮美感，产生庄重、雄浑、刚毅、硬直的视觉效果。直线具有垂直、水平、倾斜之分以及粗细变化，不同的直线构成会产生不一样的视觉效果（图 1-8）。

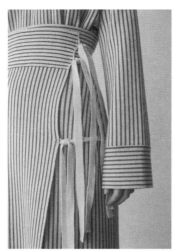

图 1-8　直线在服装中的运用

（1）垂直线——修长、单纯、理性。

（2）水平线——稳重、平和、舒展、安静。

（3）斜线——动感、刺激、活泼。

（4）折线——理性、富于表现力。

（5）粗线——粗犷、重量、迟钝、笨拙。

（6）细线——流畅、纤细、敏锐、柔弱。

2. 曲线的特征

优美的线条主要指曲线，是较为女性化的线条，具有柔和、自然、优雅、流动、富有弹性和生命感的特点。曲线的线条优美，正确运用于服装款式设计中可得到不同的设计效果（图1-9）。

图1-9　曲线在服装中的运用

总体而言，线在服装上的运用非常广泛，是服装款式设计中必不可少的造型要素。在服装款式设计中，凡是宽度明显小于长度的属性，都可视其为线。线本身的个性特征也直接对服装款式产生影响。在服装款式中可利用线条的审美特性而进行各种设计，主要运用的有轮廓线、结构线、分割线、装饰线等。各种线的有规律组合，都有明确的情感意味，线的组合可产生节奏、韵律；线的运用可产生丰富的变化和视错感；线的分割可强调比例；线的排列可产生平衡。

（三）面在服装款式设计中的运用

线的移动轨迹构成了面，面具有二维空间的性质。面是服装的主体，是款式设计中最强烈、最具动感的要素之一。面因表面形态不同分为平面与曲面，面的边缘决定面的形状，如正方形、圆形、三角形、多边形等几何形及不规则的自由形等。

① 方形有正方形与长方形两类，由水平线和垂直线组合而成，具有稳定感和严肃感。

② 圆形可以分割成许多不同角度的弧线，它富于变化，有运动、轻快、丰满、圆润的感觉。

③ 三角形由直线和斜线组成。正三角形稳定而尖锐，有强烈的刺激感；倒三角形则有不安定感。

④ 自由形可由任意的线组成，形式变化不受限制，具有明快、活泼、随意的感受。

在进行服装设计时，设计师常将服装的造型用大的面来进行组合，然后在大的面中设计出小的块面变化，运用设计的比例关系最后设计出完整的服装外轮廓和服装各部位面的协调关系（图1-10）。

图 1-10　几何造型在服装中的运用

（四）体在服装款式设计中的运用

面的排列堆积形成了体，几何学中的体是面的移动轨迹，将面转折围合即成为体。

体是具有长度、宽度和体积的多平面、多角度的立体形，如人体、圆柱体、球体等。服装造型中从不同角度观察体，会呈现出不同视觉形态的面，而服装也正是将有关材料包裹人体后所形成的一种立体造型，即以体的方式来呈现。体占有一定的空间，从不同方向观察，表现为不同的视觉形态。服装款式设计就是平面的面料按结构组合与面的回转原理形成的立体形态。

面的转折，面与面的组合，可以构成多种立体的造型（图1-11），直筒裙的基本造型就是面的回转原理的体现。款式设计从面料到构成立体服装的可能性首先是基于面料在构成上的可塑性，面料质地不同，面的立体效果也不一样。

服装设计是对人体的包装，是活动的雕塑，是有意义的艺术造型，所以在设计中设计师要始终贯穿着体的概念。我们知道，人体有正面、侧面、背面等不同的体面，还有因动作而产生的变化丰富的各种体态。因此，服装设计时要注意到不同角度的体面形态特征，使服装不仅能从内结构设计上符合人体工程学的需要，还必须使服装能从整体效果上、从各个不同的体面上体现出不同的设计风格和设计思想，使整体比例达到和谐、适度、优美的效果。创造美的服装形态需要依靠设计者的综合艺术修养和对立体形象的感悟能力。所以，树立完整的立体形态概念，培养对形体的感知和艺术的感悟力是对服装设计师的专业要求。

图 1-11　体在服装中的运用

二、服装款式创意设计的要求

服装所具有的实用功能与审美功能要求设计者首先要明确设计的目的，要根据穿着的时间、地点、穿着者、目的等基本条件去进行创造性的设想，寻求人、环境、服装的高度协调。这就是我们通常说的服装设计必须考虑的前提条件 TPWO 原则。

TPWO 四个字母分别代表 Time（时间）、Place（场合、环境）、Who（主体、穿着者）、Object（目的）。

1. 时间（Time）

不同的气候条件对服装的设计提出不同的要求，服装的造型、面料的选择、装饰手法甚至艺术气氛的塑造都不同程度受到时间的影响和限制。同时一些特别的时刻对服装设计提出了特别的要求，例如毕业典礼、结婚庆典等。服装行业还是一个不断追求时尚和流行的行业，服装设计者应具有超前的意识，把握流行的趋势，引导人们的消费倾向。

2. 场合、环境（Place）

人在生活中要经常处于不同的环境和场合，均需要有合适的服装来应对不同的环境。服装设计要考虑到不同场所中人们着装的需求与爱好以及一定场合中礼仪和习俗的要求。如礼服与运动服的设计是截然不同的，礼服适合于华丽的交际场所，它符合这种环境的礼仪要求，而运动服出现在运动场合，它的设计必然符合轻巧合体并适合运动的需求。一项优秀的服装设计必然是服装与环境的完美结合，服装充分利用环境因素，在背景的衬托下更具魅力。

3. 主体、穿着者（Who）

人是服装设计的中心，在进行设计前我们要对人的各种因素进行分析、归类，才能使人们的设计具有针对性和定位性。服装设计应对不同地区、不同性别和年龄层的人体形态特征进行数据统计分析，并对人体工程学方面的基础知识加以了解，以便设计出科学、合体的服装。从人的个体来说，不同的文化背景、教育程度、个性与修养、艺术品位以及经济能力等因素都影响到个体对服装的选择，设计中也应针对个体的特征确定设计的方案，如图 1-12 所示。

图 1-12　服装设计作品（作者：陈丁丁、岳满）

4. 目的（Object）

人是服装的主体，同样也是服装设计的中心，而不同的穿着目的，也应在服装设计过程中有所体现。与顾客会谈、参加正式会议等，衣着应正式端庄；出席正式宴会时，则隆重优雅；在朋友聚会、郊游等场合，着装可以轻便舒适。

三、服装款式创意设计的艺术功能

我们平常所看到或听到的艺术，实质上分为两大类。一类为纯艺术，如音乐、电影、戏剧、舞蹈、美术、文学等。它们相对而言，主要是以精神性为导向的艺术。另一类为实用艺术，如产品设计、工艺美术设计、广告设计、环境艺术设计等，它是为提高人类物质生活水平服务的。其特征首先是强调设计的实用性，其次注重设计的艺术性，服装设计就从属于实用艺术的范畴。

以上两类艺术，无论是纯艺术还是实用艺术，它们的属性有很大一部分是相同的，因为艺术是没有界限的。服装款式设计作为一门独立的艺术形式，同样会受到整个艺术链的影响，各种不同的艺术思潮或多或少都能从它的艺术表现形式中体现出来。例如，蒙德里安的抽象艺术、伊夫·圣·洛朗时装设计作品中的波普艺术、日本著名服装设计师三宅一生的软雕塑艺术等。

服装艺术设计是以产品的形式出现的，而且需要通过一定的营销方式使之穿在消费者身上才是设计的最后完成。因此，在设计的整个过程中，除对于服装造型本身深入细致的设想和筹划之外，还需对其相关的多种因素进行系统的研究。诸如国际服装（包括色彩及面、辅料等）流行趋势、国内和本地区服装市场调研、服装营销策略、服装消费者的审美观念、心理特征与实际需求等。对于各种直接或间接因素的研究，是要通过一定的方法和程序来进行的，并且不同的服装艺术设计在相关因素的研究上也有所侧重（图1-13）。

图1-13　莫兰迪色系服装设计作品展示

款式创意艺术具有以下三种功能。

（1）认知功能。服装款式创意设计是基于人类的生活需要所应运而生的产物。服装款式因受自然环境和社会环境的影响，其所具有的功能及需要的情况也各有不同。通过了解服装款式，人们可以认识其创作年代的一些社会风貌，通过款式变化了解和学习历史。

（2）教育功能。要真正掌握款式创意设计的方法，不仅要了解人体与服装的关系，学习人体知识、美术、服装心理学、市场学等，还要努力学好设计学中的美学规律或者说美的形式法则，善于利用美学规律来创造各类服装款式。同时，优秀的款式设计可以通过对观众情感的影响而陶冶人们的情操，提高人们的境界。

（3）审美功能。作为物质的衣服本身就具有独立的美，人们通过欣赏服装款式设计作品可以满足审美的精神需求。而服装美学属于美学研究范畴的内容，它与普通美学有着同一的本质特性，既与哲学相联系和渗透，又有着自己的研究重点，侧重于服装的审美意识、审美心理、审美标准、审美趣味等。

随着科学与文明的进步，人类的艺术设计也在不断发展。信息时代，文化传播方式与以前相比有了很大进步，行业之间严格的界限也正在淡化，服装设计师的想象力冲破意识形态的禁锢，以千姿百态的形式释放出来。服装款式创意设计是集各类艺术设计于一身的综合体，即一门综合艺术。因此，作为服装设计人员，必须具备科学的观念和艺术的修养。

第三节　服装款式创意设计的意义

一、对社会发展的意义

"衣、食、住、行"是人类生活的四项基本需要，或者说是人类生活的四大支柱。衣在其中位居第一位，仅从这个方面来讲，也可以看出服装的作用和服装的意义都是很大的。服装现象并不是原本就存在的，而是随着人类历史的发展逐渐出现的一种生活现象。服装款式创意设计也是在一定的时期，人们根据实际生活的需要而创造出来的一种艺术形式。我们研究服装款式的出现、功能和演变以及今天服装生产的发展，对于人类生活、社会进步与文明发展都有着十分重要的意义和作用。在所有的动物中，只有人类能自己裁剪缝制衣服，并变换着各种款式穿于身上。于是，穿衣也就成了人类区别于其他动物的重要标志之一。服装除了具有蔽体、御寒等现实的保护作用外，还有装饰人体和美化人体的功能，满足遮羞、炫耀、伪装、表现等微妙的心理需要的同时具备创新意识，而创新是一个民族进步的灵魂，是社会发展的不懈动力。

在现今社会，人没有衣服就不能很好地生存，人与人之间就不能正常地交往。不同职业、年纪、场合及目的产生不同的着装要求，这些着装的心理需求和客观现实需求，正是代表着人类社会的进步与文明。

二、对人类文化的意义

服装是文化的一种表现。世界上不同民族的服装，由于其地理环境、风俗习惯、政治制度、审美观念、宗教信仰、历史原因等的不同，体现在服装上也各有自己的风格特点，表现出了种种不同的文化现象（图1-14）。所以，服装文化是人类文化宝库中的一个重要组成内容。

从服装的款式、材料、图案纹饰的特点中我们可以了解历史、考证过去，了解不同时期、不同地域、不同民族的生活特点和文化特点。例如，从西欧古代服装的造型和近代服装的造型（图1-15），可以了解西欧人的审美标准、生活状况及思维定式。他们的"立体观念""立体思维"影响着他们的着装和服装款式的演变与发展。从服装结构上看，可以说是立体结构，如在西装袖型、西装领型上都有具体表现，包括现在的燕尾服、女式婚纱礼服等也是如此；巴斯尔样式的女装和路易王朝时期的贵族男装也是一种立体造型的表现。这种观念同样也影响着欧洲的各类艺术表现，如绘画、雕塑等，欧洲的雕塑以圆雕居多，这不能不说是一种地域文化。而中国的服装从历史上看是"平面观念""平面思维"占主导地位，表现在服装上就是平面结构、平面着装。这种观念同样也影响着中国的绘画、雕塑和其他艺术门类，这也正是文化的特点与表现。

图 1-14　唐代仕女图　　　　　　　　图 1-15　西欧服饰造型

三、对人类生活的意义

　　人之所以要生产服装，首先是为了满足自身生活的需要。即使人类社会发展到现在，随着科学技术的进步和社会生产的发展，人们的物质生活资料极大地丰富，但服装仍是人们维持生活不可缺少的必需品。如果没有服装，人们要想生活下去是很难想象的，甚至可以说是不可能的。所以说，服装是人们维持生活的必需品。实际上，服装伴随着人们完成各种生活状态，协助人们达到各种生活的目的，服装同人的身心形成一体，表现着人们在各种场合中的心情和行动意识，在生活中发挥着自己的效用。

　　服装除了有维持人类生活的实用意义之外，从精神方面还对人类的生活起着装饰、美化以满足心理的作用。人们常说"人要衣装，佛要金装"，其中的"装"字，不仅含有穿着的实用意义，更主要的是服装起到了装饰、美化的作用（图 1-16）。近年来，我国人民的经济生活和科学文化水平不断提高，因而对服装的穿着要求也随之发生了变化。人们越来越讲究服装的款式新颖、色彩美观、表现得体、整体和谐、工艺细节等。

　　随着时代的发展和市场的激烈竞争以及服装流行趋势的迅速变化，国内外服装设计人员为了适应这种新形势，在竭力研究和追逐新的时尚潮流，他们选用新材料、倡导流行色、设计新款式、采用新工艺使服装不断推陈出新,更加新颖别致,以满足人们美化生活的需要。这说明,无论是服装生产者还是服装消费者,都把服装既当作生活实用品,又是看作是生活美的装饰品。

图 1-16　服装装饰设计展示

四、对社会经济的重要意义

世界上许多国家和地区都非常重视服装工业,这不仅是为了满足国内人们的生活需要,也是为了参加国际贸易市场的激烈竞争。我国是纺织品出口大国,并且已加入了世界贸易组织(WTO),在这方面更应积极做好准备,要善于在国际公平的贸易规则下大力发展服装纺织品,这就需要我们进一步认清,服装是繁荣国民经济的重要商品。

现在美国、日本、意大利和法国等工业先进的国家,服装工业都很发达。日本在第二次世界大战以后的恢复国民经济时期,纺织和服装工业起了很大的作用。意大利的服装出口贸易,尤其是西装(图1-17),曾居世界第一位。法国巴黎早有世界时装中心之称。另外,一些工业比较发达的亚洲国家或地区,如韩国、中国台湾、中国香港等,服装工业也很发达。改革开放以来,我国的纺织服装业有了较大的发展,也在较大程度上推动了国民经济的发展。不过,近年来,服装消费已经从单一的遮体避寒的温饱型消费需求转向时尚、文化、品牌、形象的消费潮流,行业面临转型压力。在转型压力下,我国服装产业规模增速不断下降。但中国巨大的市场内需已经成为国内服装行业平稳增长的主要动力来源,随着人均可支配收入的持续增加和社会开放程度的不断提升,无论城镇还是农村居民,用于服装的消费仍在不断增长。

服装工业不是孤立的,一般来说它与一个国家的农业、畜牧业、纺织、印染、化工机械、电子等工业以及科学技术文化的发展有着密切的关系。也可以说服装工业的发展是建立在有关工农业生产和科学技术文化发展的基础之上的,离开这些条件服装工业将很难发展。但是也有特殊情况,如日本、韩国等国家,农业资源并不丰富,也很少有畜牧业,而它们的服装工业却很发达,这主要是它们的工业、金融和外贸非常兴旺，并利用现代交通工具和国际市场提供的有利条件发展起来的，这些都是我们需要了解和研究的。

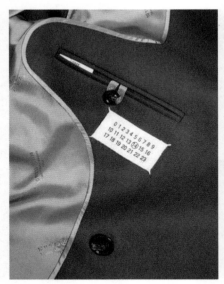

图 1-17　意大利西装设计

第二章
服装款式创意设计理论

服装设计是运用一定的思维形式、美学法则和设计程序，将设计构想以各种手段表现出来，然后选择合适的材料并通过相应的制作工艺手段，使设计构想进一步实物化的一个全过程。与其他造型艺术的设计相比，服装艺术设计的特殊性在于：它是以各种不同的人作为造型的对象。人的外在形体特征和内在心理因素制约着服装的造型，不同的服装款式是由不同的造型来实现的，不同的造型是由不同的工艺制作方法来实施的。所以，服装设计的各个环节之间是一种相互衔接、相互制约的关系。

正因为服装是人着装后所形成的一种状态，所以，服装设计不仅仅要进行衣物的造型及色彩的搭配，还要进行整个着装状态的设计。服装状态的设计包括：服装与服饰配件之间的整体协调美，服装与材料之间的和谐性，同时，服装是处在一定空间和环境中的立体造型，任何一类服装都会有相应的空间环境，所以，在服装艺术设计的同时，要充分考虑到服装与环境在色彩上、造型上和感觉上相依相融的整体关系，这样才有可能创造出一种和谐的视觉美感。

第一节 创意设计的基本原则

一、实用优先原则

实用优先原则是指设计师在创意设计时首先要考虑的设计要素就是其实用性，将产品的实用功能性绝对地作为第一设计原则。尽管我们平时所讲的设计原则顺序为实用、经济、美观，而我们在这里讲的实用优先原则是有特定含义的，是指创意设计中观念的提升，将实用的比重给予扩大化，相对弱化创意设计中的经济因素与审美因素。这是指在特定的环境中或特定的人群中需要强化的一种创意设计思维，如图2-1所示。

二、概念优先原则

概念设计即是利用设计概念并以其为主线贯穿全部设计过程的设计方法。概念设计是完整而全面的设计过程，它通过设计概念将设计者繁复的感性和瞬间思维上升到统一的思维从而完成整个设计。

概念的设想是创造性思维的一种体现，概念产品是一种理想化的物质形式。现代传媒及心理学认为：概念是人对能代表某种事物或发展过程的特点及意义所形成的思维结论。设计概念则是设计者针对设计所产生的诸多感性思维进行归纳与精炼所产生的思维总结，因此在设计前期阶段，设计师必须对将要进行设计的方案做出周密的调查与策划，分析出客户的具体要求及方案意图，以及整个方案的目的意图、地域特征、文化内涵等再加之设计师独有的思维素质产生一连串的设计想法，才能在诸多的想法与构思上提炼出最准确的设计概念，如图2-2所示。

图 2-1　运动装

图 2-2　创意服装设计作品 1

三、美学优先原则

服装美学隶属于美学研究范畴，它与普通美学有着同一的本质特性，既与哲学相联系和渗透，又有着自己的研究重点；既侧重于服装的审美意识、心理、标准等基础理论，又包括应用理论与发展理论。

在服装设计方面，服装所呈现出的形式美感与功能机制是尤为重要的。设计师不仅要考虑到服装的整体视觉感受，同时要兼备服装的功能性与物质性，在满足着装者的基本需求之外，融入一定的形式美与功能美。从本质上讲，形式美基本原理和法则是变化与统一的协调，是对自然美加以分析、组织、利用并形态化了的反映，是一切视觉艺术都应遵循的美学法则，贯穿于绘画、雕塑、建筑等在内的众多艺术形式之中，也是自始至终贯穿于服装设计中的美学法则。

形式美法则是一种艺术法则，是事物要素组合构成的原理。主要有比例、平衡、韵律、视错、强调等方面的内容，图2-3所示为人体美学示意。

图 2-3　人体美学示意

设计的艺术性和审美性首先体现为设计是一种美的"造型艺术"或"视觉艺术"。所以，设计美学所研究的艺术性内容，往往与视觉美学、造型艺术所研究的内容相似。从具体应用角度看，设计是把某种计划、规划、设想和解决问题的方法，通过视觉语言传达出来的过程。所以，这种视觉语言只有具备了艺术化的特征，才会体现出设计作为美的形式的特点。因此，除了符合功能性的要求之外，审美性是现代设计必须重视的问题，如图 2-4 所示。

图 2-4　创意服装设计作品 2

四、材料优先原则

材料是最基本的要素，服装材料是指构成服装的一切材料，它可分为服装面料和服装辅料。作为服装三要素之一，材料不仅可以诠释服装的风格和特性，而且直接左右着服装的色彩、造型的表现效果。

正确认识并识别服装材料性能，准确合理地运用于服装设计是每一个设计师需要掌握的基本知识。材料识别错误可能会导致服装的设计、制作、穿着或者洗涤等环节出现问题。服装面料的识别包括服装面料的原料识别、外观特征识别以及质量识别等。观察识别面料不仅要用视觉，而且要用听觉、触觉甚至嗅觉来判断织物的光泽明暗、染色情况、表面粗细以及组织、纹路和纤维的外观特征。比如棉布，优点是轻松保暖，柔和贴身、吸湿性、透气性甚佳，缺点则是易缩、易皱，外观上不大挺括美观，在穿着时必须时常熨烫；丝绸面料，优点是轻薄、合身、柔软、滑爽、透气、色彩绚丽，富有光泽，高贵典雅，穿着舒适，缺点则是易生折皱，容易吸身、不够结实、褪色较快；呢绒，优点是防皱耐磨、手感柔软、高雅挺括、富有弹性、保暖性强，缺点主要是洗涤较为困难，不大适用于制作夏装。

不同材质的面料具有不同的性能，在某种程度上影响或决定着服装的设计方向，也是消费者选购服装时的重要评判标准之一。材料因素不仅是设计美学的基本因素以及设计的基础和依托，而且也决定了设计审美风格的形成，如图 2-5 所示。

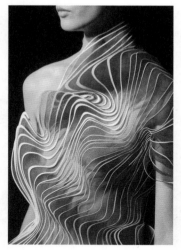

图 2-5　创意材料的运用

第二节　创意设计的形式美法则

一、统一与变化

统一和变化是既相互对立又相互依存的统一体，它们互依互存、缺一不可。统一是寻求各部分之间的内在联系、共同点或共有特征；变化是寻找它们之间的差异和区别。服装设计如果没有变化，则单调乏味和缺少生命力；没有统一，则会显得杂乱无章，缺乏和谐与秩序。在服装设计中，既要追求款式、色彩和材质的丰富变化，又要防止各种因素杂乱堆积而缺乏统一感。

统一是通过对个体的调整使整体产生秩序感。这种统一的视觉效果能同化或弱化各个部分的对比，缓解视觉的矛盾冲突，加强整体感。统一的形式有两种：重复统一是将共同的形象因素并置在一起，形成一致的视觉感，统一感最强；支配统一是指有主次关系，整体处于指挥、控制的地位，部分则依附于整体而存在，当事物的部分与部分之间形成一定秩序就会形成统一美。统一给人安定稳重之美，但太过于统一、缺乏变化则会让人感觉乏味。

变化是将某方面形式因素差异较大的物象放置在一起，由此造成各种变化，差异可取得醒目、突出、生动的效果。变化通常用对比和强调的手段，造成视觉上的跳跃，同时也能强调个性。运用线条、图案、色彩等进行设计时，要突出重点，塑造吸引力、调动各种方式来突出重点，包括色彩、材料、工艺、配饰等方面的变化对比。服装设计的细节变化体现在局部点缀，如领、肩、袖、胸、腰等部位，也包括纽扣、拉链、花边等。关键是设计师如何运用各种元素，用什么样的设计思想将它们进行艺术的组合与变化。

统一与变化是矛盾的两个方面。变化是绝对的，统一是相对的。我们在服装设计中要重视在变化中求统一，统一中求变化。尽量做到服装的整体统一，局部变化。服装的局部变化要服从整体统一，要善于设计出"乱中求整""平中出奇"的效果，发挥出自己的艺术天赋，使统一与变化在设计中有机地结合起来，如图 2-6 所示。

图 2-6　创意服装设计作品 3

二、对称与均衡

对称与均衡的形式构成了静态平衡的格局，服装形态的平衡包括平衡服装设计作品不同部分的视觉重量或者空间，在服装设计中可用这种方法改变服装平稳呆板的感觉，带来恰到好处的装饰效果。

对称是指物体同形或同量的组合。以参照物为坐标，坐标的各个部分的物体具有形和量的相等关系，给形态以最大秩序性，具有平稳、单纯、安定、稳重感。但如果处理不好也会产生乏味、单调、呆板、生硬、沉闷的结果。根据参照物的不同，对称又可以分为轴对称（又分单轴对称和多轴对称）和点对称。单轴对称是以一根轴线为基准，在轴线两侧进行对称构成。有时视觉上会因过于统一而显得呆板，可通过局部造型做些小变化或对其他造型要素，如色彩、材质等进行变化调整。多轴对称是以两根或多根轴线为基准，区分对称造型要素。点对称或回旋对称是以某一点为基准，造型要素依一定角度做放射状的回转排列，以旋转的感觉形成稳定而蕴含动感的效果。

均衡指物体同量不同形或同形不同量的组合。构成设计中的平衡并非实际重量的对等关系，而是根据图像的形量、大小、轻重、色彩以及材质的不同而作用于视觉判断的均衡。均衡是动态的特征，因而均衡的构成具有动态。不同的造型、色彩、质感、装饰物等要素环绕一个中心组合在一起，把各自的位置与距离安排得宜，两边重量、质地、形状、色彩等方面的吸引力相等形成视觉平衡，在非对称状态中寻求稳定又灵活多变的形式美感是均衡的体现。平衡的两种形式在服装设计中包括了整体和细部、细部和细部之间的线形、色彩、图案、材质、装饰的平衡。

平衡是指物体或系统的一种相对稳定和谐的状态，在不同的科学领域涵义也不同。服装设计中的平衡更强调的是人们视觉和心理的感受，有对称和不对称两种形式。对称是平衡最简单直接的一种形式，表现为对比的各方在面积、大小、质料等方面保持相等状态的平衡，传达一种严谨、端庄、安定的感受，但有时未免显得呆板无趣，如图 2-7 所示。不对称平衡指对比的各方以不失重心为原则，在色彩、尺寸、款式等方面互相补充，保持整体的均衡统一。相较前者，不对称平衡更活泼，多应用于现代服装设计中。

图 2-7 中国传统服装服饰

三、节奏与韵律

节奏、韵律本是音乐的术语，指音乐中音的连续，音与音之间的高低以及间隔长短在连续奏鸣下反映出的感受。在视觉艺术中，点、线、面、体以一定的间隔、方向按规律排列，并由于连续反复之运动也就产生了韵律。这种重复变化的形式有三种，即有规律的重复、无规律的重复和等级性的重复。这三种韵律的旋律和节奏不同，在视觉感受上也各有特点。在设计过程中要结合服装风格，巧妙应用以取得独特的韵律美感。

节奏与韵律在动静关系中产生，运动中的快慢、强弱形成动律，动律的不断反复形成节奏。一个装饰形象的不断反复，一种比例的不断反复，色彩明暗度和色阶的起伏，形体大小的不断反复，都构成节奏，节奏的强弱快慢变化形成韵律。服装设计运用衣褶、衣扣、饰边、饰线，以及材料运用的反复，形成服装的美感，如图 2-8 所示。

图 2-8 创意服装设计作品 4

四、强调

强调是设计师有意识地使用某种设计手法来加强某部位的视觉效果或风格（整体或局部的）效果。服装从轮廓造型到局部结构，都应有助于展示人体的最美部位，所以在设计时要重点强调颈、肩、胸、腰臀、腿等部位，用设计的手法来加以装饰美化。同时还要采用服饰配件设计，包括帽子、鞋子、腰饰品等来表现穿着者的优美体态和个性特点。

但强调的方法不宜数法并用，强调的部位也不能过多，应有助于展示人体的最美部位并将之作为强调的重点。所谓强调因素是整体中最醒目的部分，它虽然面积不大，但却有"特异"效能，具有吸引人视觉的强大优势，起到画龙点睛的作用。

强调是相对而言的，是指在质或量方面有区别和差异的各种形式要素的相对比较。强调因素存在于相同或相异的性质之间，把形、线、色等要素互相比较，产生大小、明暗、黑白、强弱、粗细、疏密、高低、远近、动静、轻重等对比。通过服装形态、色彩或质感的对比来制造强烈的视觉效果，使服装变得更加生动，如图 2-9 所示。运用强调时需要注意把握量和度，否则会产生不协调的感觉，强调的因素过多会形成杂乱无章的结果。

五、比例

比例是指全体与部分、部分与部分之间长度或面积的数量关系，也就是通过大和小、长和短、轻和重等质、量的差所产生的平衡关系。这种关系处于平衡状态时，就产生美的效果。

服装上的比例美是指在一件服装或一套服装结构中，其面积（色彩、块面、结构等）的划分、衣裤长短的设计、零部件的数量等在人们的思想中达到最协调的效果，如图 2-10 所示。

关于比例关系取什么样的值为美，自古以来，研究者的立场不同得出的结论也不一样。以人体比例这种与服装有着直接关系的比例为例，自古以来大体上有三种情况（指以发现人体美为目的的研究）：一是基准比例法；二是黄金分割比例法；三是百分比法。

其中基准比例法较为常用，即以身体的某一部分为基准，求与身长的比例关系。最常用的是以头高为基准，求其与身长的比例指数，称为"头高身长指数"，简称"头身"。

图 2-9　创意服装设计作品 5

图 2-10　创意服装设计作品 6

另外，从古希腊时代开始，人们就将黄金分割作为分割线和面最美的比率应用于多种造型上。

在造型艺术和图案设计中，普遍采用的一种比例美是黄金比例（也称为黄金律），即1：1.618。因为这种比例与人的视觉非常适应，从而能给人一种视觉的美。

黄金比例作图方法如图 2-11 所示。ABCD 为正方形，取 BC 的中点 O 为圆心，OD 为半径作弧，切于 BC 延长线的 F 上，作 F 的垂直线交 AD 延长线于 E，AEFB 即为黄金律形。其中 FE：AE=1：1.618。

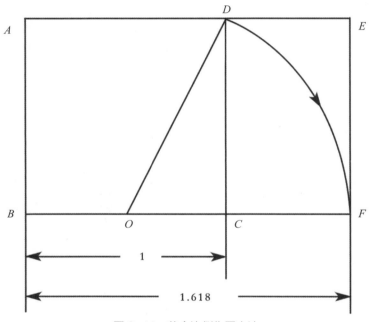

图 2-11　黄金比例作图方法

六、视错

视错就是在某种情况下，人的视觉会与外界客观事实不一致，产生失真的现象，如图 2-12 所示。

视错从原因上可分为三种：来自外部刺激和对象物上的物理性视错；来自感觉器官上的感觉性视错（或称为生理性视错）；来自知觉中枢上的心理视错。其中感觉性视错是最常见的现象，一般所说的视错大都是指感觉性视错。就感觉性视错来讲也有很多，如有关图形的大小、方向、角度、圆弧等的"几何学视错"；色彩对比现象引起的"对比视错"；把静止物看成为运动的，把运动物看成静止的"运动视错"；弄错

图 2-12　创意服装设计作品 7

了空间方向和位置的"定位视错";同一图形由于观察方向不同而产生两种知觉的"反转视错"等。这里需要说明的是,精神病患者的妄想和幻觉是另一种现象,不属于视错的范畴。

第三节　服装创意设计美学表现

一、服装的整体美

服装美的第一个特点是整体之美。它包括服装、饰物、妆容,并与人体和环境相互协调,与着装者的身材、容貌、气质、文化品位等融合为一体所表现出的整体形象,如图2-13所示。

服装作为一种视觉艺术,它必须以具体而完整的"形象"(造型、结构、图案、色彩的组合体)这一独特语言来传情达意。服装的整体结构即服装的外形结构,是服装外轮廓线形成的形体,是服装大效果的体现,它对服装的外观美起着决定性作用。通常在不影响其功能的基础上可以通过调节服装的肩宽、三围、裤脚或裙摆形成不同风格的造型效果,但只有外形的设计而没有局部的结构变化,往往会显得空洞而呆板,局部结构变化即服装的领、袖、口袋、腰部、省道等变化,局部要服从整体的需要才能相得益彰。

图2-13　服饰整体美展示

服装整体之美,不仅是部分与部分相加,而且是由服装款式、材质的应用、色彩图案、饰物、工艺制作,甚至头饰、妆容等诸多要素之间的组合构成。同时,还要兼顾服饰品的搭配组合,包括帽子、手套、围巾、包、发饰、项链、耳饰、手镯、纽扣、领带、鞋、腰带等取得和谐一致,其内部关系要相互联系、相互作用、相映成趣,给人以有机整体的美。从服装造型而言"整体性"是构成服装美的主要灵魂。

服装属于立体造型艺术,设计时应考虑到服装穿着后人体活动各部位的立体感和动静感。服装的部位不同,结构各异,如领、胸、背、袖、下摆等部位,其装饰规律除依据特定部位采取相应手法外,应特别注重与款式整体的关系,"变化与统一"等形式美的法则应贯穿其中,如平衡的布局应视人体结构的对称而定;对比与调和,则应以服装上下款式,服装与饰物、图案的粗细大小及色彩的配合而定。总之,服装的整体美既包括人体与服装的和谐统一关系,也包括服装整体设计中局部与整体的和谐关系。另外,人是在一定的空间、时间中活动,所以,服装也要考虑与环境协调一致。

二、服装的动态美

服装的动态美，指服装随着人体在空间运动变化时所产生的一种美，人在活动时，人体的各部分比例和形态都会发生变化，原来无生命、静止状态的服装，随着人的活动而产生各种各样的姿态和体形，呈现了服装美的另一个特点——动态之美，如图2-14所示。

服装的动态美，是随同人形体在空间运动、变化时所呈现的相应的美学特征，因而服装也被设计师称为动感的艺术。因此，服装一旦与着装者结合在一起，就会随着人的活动而被注入灵性，反映出着装者的气质与风度，充分体现服装的动态美。庄重的西装、洒脱的猎装、粗犷豪放的牛仔装以及线条简洁明快的夹克等，均显示出男性健壮、成熟、宽大的阳刚之美；而曲线毕露的旗袍、套裙、丝绸衬衫和毛线衫等，则表现出女性的阴柔之美。宽松的衣袖和裙子随着微风或舞蹈的动作而旋转，形成美丽的曲线。以敦煌壁画为素材创作的大型民族舞剧《丝路花雨》舞蹈，其中轻盈舒展、飘飘欲仙的长袖飘带的设计，充分展现了服装的动态美，从而加强了舞蹈的艺术感染力。而服装在人体的动态中所呈现出的曲线和不确定性，使其显示出了生动的姿态和无限的意味，日本设计师三宅一生认为"人活动的时候是表现个体的最佳时机，出色的时装能够将穿着者的肉体释放出来"，他的作品即使是同一款式也不会有固定的模式，而是随着人体的运动充分展示出服装的灵活性和多变性。因此，服装设计需要符合人类生活中各种活动方式以及在活动中所形成的立体造型，从而达到服装与人体的完美结合。

三、服装的主题美

主题美是艺术作品中思想、情感、追求的体现，是艺术家诠释作品时所显示出来的中心思想，是作品内容的核心。因此，服装的流行与传播，同一切艺术品一样，是时代的产物，不可避免地会受到社会活动和社会思潮的影响，而某种社会活动、社会思潮又使服装成为时代的装束和标志。每一款服装在设计时都要围绕一定的主题或表达一定的文化内涵和艺术风格。例如，超短裙的流行被认为是自由的20世纪60年代的代表，而紧身胸衣则被看成是维多利亚时代的象征。此外，还有法国的皮尔·卡丹，讲求造型的旋律感、时代感、青春感；法国的安德烈·库雷热（Andre Courreges）塑造的未来主义风格；"闪光片时装之王"的弗朗索瓦·勒萨热（Francois Lesage）的刺绣臻品；安德·罗比（Ande Robbie）和伯莱特（Palet）设计的"构造式样"以及纪梵希（Givenchy）、拉格菲尔德（Lagerfeld）、阿玛尼（Armani）、詹弗兰科·费雷（Gianfranco Ferre）等推出的晚装、泳装、休闲装、内衣等，无不展现出现代女性迷人的身姿与靓丽的面容，显露出女性穿着舒适、洒脱的浪漫主题。20世纪90年代末，国际上出现了后现代主义思潮的多元化表现，亦导致时装主题的多元化。由于环保意识的提倡、怀旧情绪的出现、高科技的冲击等，"环保时装"应运而生，许多设计师都将环保理念贯穿于服装设计之中，使当今时装的表现主题十分明确。对过去的怀念和对未来的构想，又使人们在时装上同时表现着复古和前卫的主题，如图 2-15 所示，中式服装的回归和现代版"洛可可"风格的出现，以及以高科技面料制作的前卫时装都很好地说明了这一点。因此，当服装作为表现主题的一种形式而置身于整体文化的氛围中时，由于其中包含的内容极其丰富、历史积淀深厚，而具有了极强的视觉冲击力和时代审美特征。

图 2-14　服装动态美

图 2-15　创意服装设计作品 8

四、服装的个性美

服装设计属于造型艺术，有别于其他艺术的地方在于服装是以人作为造型的对象。人的个性是生命在运动状态中所呈现出来的典型特征，而服装的造型特征是以服装个性的气质而展现出来的，这也正是服装个性魅力之所在，是服装生命意义的精髓。

服装艺术在设计过程中，要依靠设计师丰富的想象力和创造性思维活动来体现思维的广阔性和多种可能性，这一点与传统的造型艺术没什么不同，与其他艺术也很类似。但是服装设计师表达审美感受时，不仅要反映人和人体，更重要的是要解释人和人体，所以服装款式、色彩及面料的艺术处理都应以具体的人的实际需要为出发点。

此外，服装与穿着者性格的关系是相互的，潜移默化的。一方面性格对着装有着潜在的引导和选择，另一方面合适的服装也会使穿着者的外在感官更加自然得体。虽然设计师的审美与设计很重要，但只有当造型和着装者的形体、气质等统一协调时，服装设计的美感才会完整地体现出来。所以，服装设计的美感是设计师和穿着者共同创造而完成的。个性美传达着设计师的审美判断，它要求形式与内容完美的统一，利用生动感性的形象和情绪化的造型、旋律来表现自己独特的内在气质。当服装的设计师和穿着者的再创造使两者高度协调、整体统一时，才是服装设计的最高境界。

总之，服装的个性美是以突出和强化人的个性特征为主要目的，通过服装的形式和内容的整体美感来表达自己的思想情感，展现时代风貌（图2-16）。

图2-16　创意服装设计作品9

五、材料与技艺的美

服装材料和服装一样，既是人类文明进步的象征，又是文化、科学、艺术宝库中的珍品，服装材料在国民经济和大众的日常生活中占有重要地位。

人对服装材料的感受是综合性的，由视觉、触觉等生理感受而形成审美感受，这种经验性审美、心理感受反过来又会影响和决定服装材料的选用趋向。

服装材质肌理变化上所产生的多种视觉效果十分丰富，不同的质地和肌理都会引起相应的视觉感受，如粗颗粒质感面料意味着原生态、粗犷；细密材质意味着精致细腻；疏松材质意味着舒适、随意；闪光材质意味着前卫、华丽；轻薄材质意味着柔软、飘逸。除视觉外，触觉在现代人类的体验中也占有重要位置，人对服装材料的视觉感受与人对材料的表面触觉是结合在一起的（图2-17）。良好的舒适性、延展性和透气性，都直接影响到服装的审美效果，并成为服装设计师表达独特风格的内在条件。

无论是天然纤维还是合成纤维，一般都要经过纺织、印染再做后整理。决定服装面料外观美的因素是纱支、织物组织结构、肌理、色彩、图案等，其中织物上的图案与色彩，属于衣料的加工工艺部分。许多服装设计师利用先进的技术和工艺，最大限度地改变材料的外观，使许多材料重放异彩。

现代技术不仅改变生产本身，而且改变了人们的观念、审美意识，并使人们重新认识和发现包含在技术中的美，独具价值的美。技术美介于自然美与艺术美之间，它不仅包括机械技术的美和机械产品的美，也包括手工艺技术的美和手工产品的美以及其他具有展现美的技术。技术美与功能美有着内在的联系和一致性，功能美构成技术美的特征，也是技术美意识结构的核心因素。服装的技艺美体现在整个加工过程中，通过工艺材料、形式和功能三个方面表现出来。服装技艺通过加工材料成就款型，这是以美的规律为基础的，技术加工的技巧能够唤醒在材料自身中处于休眠状态的自然之美，把它从潜在形态引向显性形态。因此，工艺加工制作中对材料的利用不仅对于服装的实用功能有决定意义，也是形式美的内容，对于高级时装来说，服装工艺技术是其维护声誉的法宝，精工细作与特殊工艺体现在每一个细节中，服装加工技艺的美主要表现在以下几个方面。

图 2-17　创意服装设计作品 10

（1）在设计服装时，度量人体的比例、尺寸是非常重要的。严格地说，人的形体是各不相同的，所谓"量体裁衣"就是通过准确地测量数据来解决衣服的合体问题。传统的度量形体分为两种方法：一种是直接在人的形体上度量，称为直接度量；另一种是采用若干基本的度量尺寸，然后核对、计算出整个服装的比例，称为综合度量。但从服装艺术的观点来看，由于人的形体或多或少有些缺陷与不足，这需要服装设计师在结构设计时调整比例来达到一定的和谐，从而使服装能够突出形体的美，掩饰穿着者的不足。例如，利用腰围线设计的高低来改变臀部和腰部的长短效果；利用裤子、裙子的长短、肥瘦来改变腿部的线条；利用上装和下装的长短来改变比例等（图 2-18）。

（2）服装版型是以平面形式表现三维立体形态的服装技术工艺，它的技术性主要体现在服装结构的构成形式、材料性能的正确使用和服装与人体之间空间的合理分配等方面。服装裁剪时需以度量的尺寸为依据，线条、角度、弧度之间的量值均需用数字表达立体的人体形态和设计师的美学观。将服装的前身、后身、袖、口袋等按服装设计的款型裁剪出来，再进行缝制。在制作过程中应边做边熨烫，使服装达到挺拔平整的工艺效果，如图 2-19 所示。

图 2-18 服装比例结构展示

图 2-19 服装创意廓形展示

（3）精确地裁剪、精美的缝制，是服装创意完美化的保障，在加工技艺中，要根据服装的造型、面料和结构设计确定加工工艺。就缝合而言，可以形成风格各异的缝合外观和不同的缝合强度，这是服装整体造型和款式风格的重要组成部分，如平面与立体、是否保留线迹、省道设计等，它们之间的巧妙组合拓宽了服装设计的表现手法，达到设计与工艺的有机结合。

第三章
服装款式创意设计思维

服装设计的构思是一种十分活跃的思维活动，构思通常要经过一段时间的思想酝酿而逐渐形成，也可能由于某一方面的触发，激起灵感而突然产生。构思必须寻找启发，或是从对自然界的观察、体验中发现素材，或是从对他人作品的研究、分析中获取感受，或是从具象思维和抽象思维中接受影响和启迪如图 3-1 所示。总之，自然界的花木鸟兽、河流山川、风云变幻、历史遗物，文艺领域中的绘画雕塑、音乐舞蹈、文字、戏剧，以及社会生活中的一切都能给我们以无尽的启示。设计师在构思创作时，思路要活跃、自由，不要自我限制。最好有多种构思方案，设计系列化，然后可将不同的构思效果通过必要的手段表现在画纸上，最后进行比较、思考、选择，使构思不断深化，从中优化出最佳的构思来。

设计创作是设计师思想的产物。对于同样的题材与主题，人们依照各自的认识水平和艺术修养从事创作。我们知道，不同的人设计思想是有区别的，设计手法也是不同的，结果很自然地就会有着多种不同的效果和风格，从而产生出绚丽多彩的艺术作品，所以设计师在掌握专业知识技能的基础上，应拓宽视野，提高艺术素养，同时要注意观察生活，积累实践经验，使设计构思要素丰富、成熟、完美。

图 3-1　创意服装设计作品 11

第一节　创意设计思维

一、点性思维

点性思维是一种局部思维模式，它是相对于线性思维而出现的一种阶段性独立逻辑思维现象。点性思维具有就事论事与个体独断认知的属性，它不具有整体思维的优势，主要是围绕着事物现有的现象进行分析与得出结论，对于事物本质与渊源的探究缺乏明显的认识度。

二、线性思维

线性思维是指人们对于事物本质追求的一种科学的、完整的逻辑性思维，包括人们对事物的发生、发展与消亡等整个线路综合的纵向性思维模式。线性思维具有全面性与溯源性，也包括发展性的属性，是一种整体思维，是一种正确的逻辑思维，具有普遍的科学性。

三、发散性思维

发散性思维也称为多向思维、辐射思维或扩散思维，是求异思维中最重要的形式。表现为个人的思维沿着许多不同的方向扩展，使观念发散到各个有关方面，最终产生多种可能的答案而不是唯一正确的答案，因而容易产生更加新颖的观念。表现为思维不受点、线、面的限制，不局限于一种模式，而是从仅有的一点信息中尽可能地向多方向扩展，由点及面达到广阔无垠的境界，不受已经确立的方式、方法、规则和范围的限制。从已知的领域去探索未知的境界，从而找出更多设想和解决的方法，并且可以从这种扩散的思考中求得常规的、非常规的多种设想。

发散思维不受现有知识范围和传统观念的束缚，它采取开放活跃的方式，从不同的方向衍生新设想。发散思维是设计思维的主要成分，所以有的心理学家认为，设计思维就是发散思维。

四、交互式思维

交互式思维也可理解为变换视角拓宽设计思维。不同文化、种族、学科、年龄段的人所考虑问题的角度及范围也大不相同，人脑在思考、设计某个主题时，可以从不同的视角进行思考，尽量扩大联想的范围，尽可能多地思考不同的方案。通过日常生活的长期观察、积累并储存在大脑中的信息网络里，这里可以聚集无数个信息点，这些信息之间可能是具有相同因素的，也可能是彼此不相关的。一旦我们在最大范围内将这些信息有机地联系起来，或者我们的视点在这些信息之间游动时，就有可能捕捉到更多的触点及灵感的火花（图3-2）。

图3-2　创意服装表达

众多的信息来源于广博的知识面，一个人除了在自己所从事的专业学术领域进行研究之外，还应对其他学科门类产生兴趣，并从中获取信息，得到启示。如果设计师只了解自己所从事的专业知识而忽视其他知识信息的积累，那么他的设计思维就会受到一定的限制，他的艺术设计潜能也可能得不到应有的开发。

人们在进行艺术设计使用头脑中的信息时，还要综合学习并抓住重点，善于透过表面现象看本质，从事物的状态把握它的发展过程，从事物的起因探索将来的结果。在人的大脑神经网络系统中，各种信息经过人脑的思维作用会形成一定的看法，人的生活经历、人对社会的认识能力和把握程度的不同，所表现出来的思维效应也不同。所以在设计思维的训练中，交互式思维能力是人们所重视的课题之一。

五、目的性思维

目的性是指思考问题和解答问题具有明确而清晰的目标，能在整体思维中做出明智的选择，有目的地去寻找解题的方式。其反面是盲目性，表现为缺乏主动性，目标意识模糊，解题之前没有对问题进行全面的分析，层次不清。那么在创意设计中如何实现思维的目的性呢？

首先概念明确，思维的目的性决定了思维总是围绕着解决一个或若干个问题展开的。从这个意义上讲，创作时应抓住时机，用定义、公式、法则等占领思维阵地，不给多余杂念留下活动的余地，形成一种有方向、有范围、有条理的思维方式，使思维的逻辑性强、推理合理、结论可靠。

六、纵向创新思维

纵向思维方法又称链状思维方法，这是将思路纵向延伸而致创造性思维前后相继的一种思维方法。它具有历史性、继承性、同类繁衍、不断增殖等特点，所以信息量大、作用直接、效果明显，因而在发展人类的科学文化，以及在保持工作和生活的连续性和稳定性等方面，纵向思维方法均有承上启下的中介作用和延续功能。

而纵向创新思维是建立在知觉的基础上，通过对记忆表象进行加工改造以创新形象的过程。纵向创新思维是指在纵向思维上以新颖独创的方法解决问题的思维过程，通过这种思维能突破常规思维的界限，以超常规甚至反常规的方法、视角去思考问题，提出与众不同的解决方案，从而产生新颖的、独到的、有社会意义的思维成果。

七、求同与求异思维

求同思维与求异思维是视觉艺术思维过程中相辅相成的两个方面，在创作思维过程中，以求异思维去广泛搜集素材，自由联想，寻找创作灵感和创作契机，为艺术创作创造多种条件，然后运用求同思维法对所得素材进行筛选、归纳、概括、判断等，从而产生正确的创意和结论。这个过程也不是一次就能够完成的，往往要经过多次反复，二者相互联系、相互渗透、相互转化，从而产生新的认识和创作思路。

求同思维就是将在艺术创作过程中所感知到的对象、搜集到的信息依据一定的标准"聚集"起来，探求其共性和本质特征。求同思维的运动过程中，最先表现出的是处于朦胧状态的各种信息和素材，这些信息和素材可能是杂乱的、无秩序的，其特征也并不明显突出。但随着思维活动的不断深入，创作主题思路渐渐清晰明确，各个素材或信息的共性逐渐显现出来，成为彼此相互依存、相互联系具有共同特征的要素，焦点也逐渐地聚集于思维的中心，使创作的形式逐渐地完善起来（图3-3）。

图3-3　创意服装设计作品12

求异思维是以思维的中心点向外辐射发散，产生多方向、多角度的捕捉创作灵感的触角。我们如果把人的大脑比喻为一棵大树，人的思维、感受、想象等活动促使"树枝"衍生，"树枝"越多，与其他"树枝"接触的机会越多，产生的交叉点（突触）也就越多，并继续衍生新的"树枝"，结成新的突触。如此循环往复，每一个突触都可以产生变化，新的想法也就层出不穷。人类的大脑在进行思维活动时，就是依照这种模式进行的。人们每接触一件事、看到一个物体，都会产生印象和记忆，接触的事物越多，想象力越丰富，分析和解决问题的能力也就越强。这种思维形式不受常规思维定势的局限，综合创作的主题、内容、对象等多方面的因素，以此作为思维空间中的一个中心点，向外发散吸收诸如艺术风格、民族习俗、社会潮流等一切可能借鉴吸收的要素，将其综合在自己的视觉艺术思维中。因此，求异思维法作为推动视觉艺术思维向深度和广度发展的动力，是视觉艺术思维的重要形式之一。

八、侧向与逆向思维

侧向思维是一种将问题转换为另一个等价的问题，通过对等价问题的求解，使该问题得到解决的思维方式；逆向思维是一种反逻辑和反常规的思维方式，其思维摆脱正常的思考途径来寻找解决问题的方法。

在视觉艺术思维中，如果只是顺着某一思路思考，往往找不到最佳的感觉而始终不能进入最好的创作状态。这时可以让思维向左右发散或做逆向推理，有时能得到意外的收获，从而促成视觉艺术思维的完善和创作的成功，这种情况在艺术创作中非常普遍，如图3-4所示。

逆向思维是超越常规的思维方式之一。按照常规的创作思路，有时我们的作品会缺乏创造性，或是跟在别人的后面亦步亦趋。当你陷入思维的死角不能自拔时，不妨尝试一下逆向思维法，打破原有的思维定势，反其道而行之，开辟新的艺术境界。古希腊神殿中有一个可以同时向两面观看的两面神。无独有偶，我们的罗汉堂里也有半个脸笑、半个脸哭的济公和尚。人们从这种形象中引申出"两面神思维"方法，依照辩证统一的规律，在进行视觉艺术思维时，可以在常规思路的基础上做逆向型的思维，将两种相反的事物结合起来，从中找出规律。也可以按照对立统一的原理，置换主客观条件，使艺术思维达到特殊的效果。

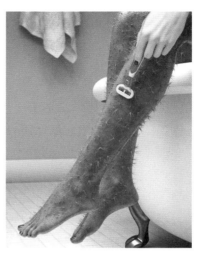

图 3-4　置换创意设计

从古今中外服装艺术的发展历程中我们可以看出，时装流行的走向常常受到逆向思维的影响。当某一风格广为流行时，与之相反的风格即要兴起了。如在某一时期或某种环境下，人们追求装饰华丽、造型夸张的服饰装扮，以豪华绮丽的风格满足自己的审美心理。当这种风格充斥大街小巷时，人们又开始进行反思，从简约、朴实中体验一种清新的境界，进而形成新的流行风格。现代众多有创新意识的服装设计师在自己的创作理念上，往往运用逆向思维的方法进行艺术创作。"多一只眼睛看世界"打破常规，向你所接触的事物的相反方向看一看，遇事反过来想一想，在侧向—逆向—顺向之间多找些原因，多问些为什么，多几个反复，就会多一些创作思路。在艺术创作过程中，运用逆向思维方法，在人们的正常创意范畴之外反其道而行之，有时能够起到出奇制胜的独特艺术效果。

九、超前思维

在视觉艺术思维中，超前思维是人类特有的思维形式之一，是人们根据客观事物的发展规律，在综合现实世界提供的多方面信息的基础上，对于客观事物和人们的实践活动的发展趋势、未来图景及其实现的基本过程的预测、推断和构想的一种思维过程和思维形式，它能指导人们调整当前的认识和行为，并积极地开拓未来。在艺术创作领域里，超前思维训练也是非常重要的一个方面。从思维的纵向、横向、主客观因素中，从多角度、多层面去揭示超前思维的规律，是视觉艺术思维中一项很有意义的活动。尤其是科技高度发达的今天，视觉艺术思维活动必须与迅猛发展的现代科学技术联系起来。21 世纪的艺术创作是艺术与科学有机结合的产物，没有高水平的超前思维活动，也就不可能有高水平的艺术创造。

视觉艺术思维的超前思维有一个特定的发生、发展过程。人们在进行艺术创作之前，由于创意的需要引发出对客观事物的感受、分析和认识，在此过程中，或以主观愿望为动机引起超前思维，或是某些思维活动以超前思维的形式进行，再去主导相应的行为活动。超前思维的形象联想、艺术想象是创作构思中能够促进艺术家、科学家开拓新领域的一个环节。一些想象和联想的形象在没有被发明或被实践证实的时候，往往会被人们认为是荒诞的幻想，但正是无数这样的幻想多年以后成为了现实。如果没有人们的超前思维，世界就不可能发展到今天这个规模。

这一点在科技领域里表现得尤其突出，人们曾幻想能够插上翅膀飞上蓝天，根据这种超前思维所产生的设想，美国的莱特兄弟努力观察研究，终于创造出了虽然简单但能够飞上天的第一架飞机；法国科幻小说家德勒·凡尔纳在他的科幻小说中描述出当时还没有出现的潜水艇、导弹、霓虹灯、电视等，这些在不久以后都逐渐成为现实。

"嫦娥奔月"是中国古代一个美丽的神话传说，古今中外还有许多作家都创作出了以人类飞向月球为题材的故事，这个人类的梦想终于在 20 世纪 60 年代末被实现了，美国的"阿波罗"号宇宙飞船载着两名宇航员登上了月球。

艺术创造的超前思维强调通过形象来反映和描绘世界。现代艺术创作除了艺术形式之外，还要与人们社会生活中的各个有关方面联系起来。超前思维训练能够帮助我们在艺术创作的过程中积极主动地面向未来，并从幻想中寻找思路，在创新中实现理想。

第二节　创意思维能力的培养

一、创意思维能力培养的目标表现

对于设计师而言，进行服装设计必须具备各种相应的能力，主要包括专业知识和心理素质两个主客观条件。

专业知识是指与服装专业相关的学科内容，主要培养服装形态语言的运用、组织、变化等表现能力，服装的结构、工艺、面料、色彩的把握能力，服装绘画表现的基本技能等服装设计基本功。这些核心技能的培养，需要学习素描、速写、色彩和服装画等美术基础课程，培养审美能力和造型能力；需要学习中西方服装史和服装设计理论，了解服装的变迁历史，掌握服装的流行规律和趋势；借鉴前人的设计经验和技巧；学习服装结构和服装工艺知识，知晓服装生产流程、工艺特点和新技术，加深对服装的理解，探索服装设计实现的可能性；需要学习服装材料课程，特别是对材料的感性认识，这是选择材料表达设计意图的可靠有效的依据；在信息化时代，还需熟练掌握现代化服装设计工具，包括 PhotoShop、Illustrator 和服装 CAD 等各种专业软件，跟上行业的发展以及提高工作效率。另外，服装市场营销、服装陈列、服装心理、服装人体工程等都是服装设计师需要掌握的知识；专业资料和各类信息的收集和整理，也是一项长期不能间断的工作。

在心理素质方面，要不断提高审美能力；培养对审美和市场的敏锐感受力；建立服装超前意识，加强对流行的理解和感知；学会与人沟通、交流和合作，服装产品的良好社会反馈和经济效益离不开方方面面相关人员的紧密配合与合作；敬业精神和奉献精神也是成功的服装设计师不可缺少的条件。

上述以设计师综合素质为中心的综合能力的形成主要来自大量的信息接受和积累，并在长期实践中逐渐完善起来，只有坚持不懈，才能成为一名合格的服装设计师。

所谓创意，就是提出有创造性的想法、构思等。在现代社会，科技进步是生产力发展的决定性因素，组织和制度创新直接影响着经济发展。没有创意，先进的组织和制度形式就不会出现，就不能实现人与生产资源最有效的结合。一个社会如果创意枯竭了，其科技发展就会停滞，组织与制度就会僵化，发展与进步就难以实现。一般说来，创意的产生离不开以下三个要素。

1. 环境

自由是创意的温床，没有一个自由宽松、平等讨论的环境，创意就没有孕育滋生的土壤；包容是创意的朋友，创意大多在"试错"中产生，没有对不同意见的包容，缺乏对错误的宽容，人们就会因怕犯错误而不敢进行创意活动，创意就会被深深地埋藏；奖励是创意的雨露，如果正确的创意能得到回报与鼓励、承认与尊重，人们的创意活动就会增加。环境之于创意，正如春雨之于新笋。

2. 动机

人们的创意动机可能无奇不有，但重要的大致有以下几种：一是为利益、利润，当今社会，利益、利润成为人们产生创意的重要驱动力，许多发明创造都是投资的结果，一个新企业的产生也往往是创意与投资的结果，这样的创意与投资大都有明确的目标和可计算的回报；二是好奇，好奇心是人类的天性，因好奇而要把事情探个究竟，就会萌生创意；三是质疑，不轻信他人的结论；四是兴趣，创意活动本身可能是一种享受，人们为享受创意的过程而进行创意活动。人们的创意动机越强烈，创意活动就越频繁，而这些动机又常常可以被良好的外部环境所激发。

3. 方法

不同领域的创意有不同的方法，有些方法具有一般性，如敏于观察、勤于思考、好学多问、相互启发，不迷信、多质疑等。除此之外，也有一些较为专业的方法。比如，对现有结论的假设前提提出反假设，得出新的结论；把不同专业的人集合在一起，集思广益，从不同角度提出毫无限制的多种方案方法，从中找出创意点来。类比技巧加上归纳技巧，也是发明发现的有力工具，例如，魏格纳的大陆漂移说、卢瑟福的原子结构模型以及大爆炸宇宙说、生物遗传说等，其创意大都发端于类比的启发。

二、创意思维的培养与激发

任何设计作品都能体现设计师的设计目的和设计意图，如图3-5、图3-6所示。每个设计师对美的理解和表达都不相同，根据现代社会对设计的要求，各大设计院校开始注重培养设计师的创新意识和创造能力，所以教师的责任已不局限于基础简单的教学，开拓学生的创意思维变得尤为重要。

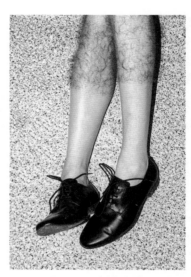

图3-5　创意拼贴画　　　　　　　　　　　　图3-6　创意广告

"创意是设计的灵魂。"只有具备了创新的意识和概念才能更好地进行设计的表达，当然这也是需要扎实的基础知识的。创意需要一定的知识和沉淀，需要常更新审美观念和设计理念。因此，教育的核心也就转变成为对学生创新意识的引导和对创新能力的培养，使设计高校真正成为设计师的摇篮。

设计师想完成一项创造性的活动，需要有强烈的创新意识、掌握创造性思维的方法，这样才能结合现状设计出具有时代特征又具有个性的产品。

由于艺术创作中有许多具体的形象或形式存在，因此在创意思维训练的过程中我们可以结合这些特点进行带有诱导性的提示，如图3-7所示。

（1）需要开放、包容的心态，创意本身就是文化思维碰撞的产物，没有开放、包容的心态就做不好创意。作为设计师，要转换思维，尤其是理念的转换。另外，需要了解创意设计的定位，把握好整体设计。所以设计师的思想意识很重要，不断接触新的知识和理念并转变才能设计出更具创意性的作品。

图 3-7　创意拼贴画

　　如果设计师的工作环境宽松、和谐，那么对于灵感的出现将会有很大的益处。心情愉快、情绪轻松的精神状态是捕捉灵感的有利条件，而在心情沮丧、精神委顿的情形下，往往不能产生灵感。对于设计师而言，有广泛的兴趣爱好有利于形成一个愉快轻松的精神状态，有利于创造性灵感的出现。兴趣是使人们去刻苦获取知识的动力之一，对某一领域的研究有兴趣，就会自然而然地留意工作、学习和日常生活中与之有关联的事物。设计师若有广泛的兴趣，便会使自己具有丰富的知识经验，这也是捕捉灵感的一个基本条件。

　　（2）随着物质生活的日益丰富，人们购买力的不断提高，国际贸易的不断增加，同类产品的差异性减少，品牌之间使用价值的同质性增大。因此，对消费者而言，什么样的产品能吸引住他们的注意，什么样的产品能让其选择购买，也对设计师提出了更高的要求。

　　原型启发在捕捉灵感方面有很大的作用，是捕捉灵感的重要途径。原型启发是从已有或类似的事物中得到启迪，通过联想，爆发出创意的火花，得到解决问题的新方案。很多事物都有启发作用，自然现象、日常用品、机器、示意图、文字描述、口头说明等都可以作为原型诱发灵感的出现。

　　所谓创意不是无中生有，而是在已有的经验材料的基础上加以重新组合。创意需要丰富的知识储存，阅读书籍，收集资料，为新的设计做准备。读的书越多，收集资料越丰富，创意的可能性就越大。创造性思维不是闭门造车，多参阅历史资料以及其他设计师的作品，让自己站得更高，望得更远，创造性思维的能力也就自然加强了。

　　（3）摆脱固有思维模式，找出同类产品所不具有的独特性作为创意设计重点。对产品设计的研究是品牌走向市场、走向消费者的第一前提。按照固定的思路考虑问题，常常思路闭塞、思维迟钝，阻碍寻找新问题的答案，有人称这种习惯性思维已将"解决问题的大门关上了"，在这种状态下，应该把问题暂时搁置一边，把注意力从创造对象转移到其他事物上去，这对摆脱习惯性思维的束缚很有益处。

（4）产品定位的差异化，主要是指找寻产品在消费对象、消费目标、消费方式等方面的差异化。即产品主要是针对哪些层次的消费群体，也就是社会阶层定位，如消费对象是男性还是女性，是青年还是老人，不同的文化、社会地位、生活习惯、心理需求对应不同的产品的销售区域、销售范围、销售方式等。

如童装的消费者群体是儿童，但购买对象除了作为目标消费群体的儿童以外，主要还是有消费能力的家长，因此在款式设计的时候，除了在图案、色彩、文字、编排上考虑儿童的喜好外，还应该更多考虑有购买力的长辈的审美习惯。

进行创作时，设计师需要注意周围的事物，感受身边的环境，学习多向思考，时刻记录周围发生的事情并加以运用，最终完成创意设计（图3-8）。

图3-8 创意服装设计作品13（作者：岳满）

三、设计师的能力与素养

1. 绘画基础与造型能力

绘画基础与造型能力是服装设计师的基本技能之一。

绘画是一种直观而生动的表现方式，也是方案从构思迈向现实的第一步。任何一个想法都需要被"翻译"成可视化的图形。许多著名设计师常用手绘作为表现手段，快速记录瞬间的灵感和创意。

2. 丰富的想象力

独创性和想象力是服装设计师的翅膀，没有丰富想象力的设计师技能再好也只能称为工匠或裁缝，而不能称之为真正的设计师。设计的本质是创造，设计本身就包含了创新、独特之意。自然界中的花鸟树木、我们身边的装饰器物、丰富的民族和民俗题材，音乐、舞蹈、诗歌、文学甚至现代的生活方式都可以给我们很好的启迪和设计灵感。千百年来，在服装的历史长河中正是由于前人丰富的想象力和独创精神才给我们留下了宝贵且丰厚的财富。

3. 对款式、色彩和面料的掌握

服装的款式、色彩和面料是服装设计的三大基本要素。服装的款式是指服装的外部轮廓造型和部件细节造型，是设计变化的基础。外部轮廓造型由服装的长度和围度构成，包括腰线、衣裙长度、肩部宽窄、下摆松度等要素。最常见的轮廓造型有 A 型、X 型、T 型、H 型、O 型等，部件细节的造型是指领型、袖型、口袋、裁剪结构甚至衣褶、拉链、扣子的设计（图 3-9）。

图 3-9　手绘系列服装效果图

4. 对结构设计、裁剪和缝制的理解

对结构设计、裁剪技术的学习，是服装设计师必须掌握的基础知识。结构设计是款式设计的一部分，服装的各种造型其实就是通过裁剪和尺寸本身的变化来完成的。如果不懂面料、结构和裁剪，设计只能是"纸上谈兵"。

5. 对服装设计理论及历史的了解

款式创意设计的初级阶段是对一些基础技法和技能的掌握，而成功的服装设计师更重要的是应具备设计的头脑和敏锐的创作思维，现在的艺术院校服装设计专业都开设有服饰理论课程，学生通过这些课程可以了解中外艺术史、设计史、服装史和服饰美学等理论知识，同时还能开阔学生的眼界、拓宽设计思路，启发他们的设计灵感。

6. 了解市场营销学与消费心理学

　　一名成功的设计师首先应在市场上取得成功，要根据服装的品牌定位规范自己的设计风格和路线。卡尔·拉格费尔曾同时兼任香奈儿、芬蒂、克罗耶三家国际著名品牌的首席设计师，在为每个品牌策划设计时，都以该品牌的定位为准则，制订了三种不同品牌风格，被誉为"天才设计师"。服装设计师最终要在市场中体现其价值。只有真正了解市场、了解消费者的购买心理，掌握真正的市场流行（而不单是时装杂志上颁布的理性趋势）并将设计与工艺构成完美的结合，配合适当的行销途径，将服装通过销售转化为商品被消费者接受，真正体现其价值，才算成功完成了服装设计的全部过程。

7. 电脑绘图软件运用能力

　　随着电脑技术在设计领域的不断渗透，无论在设计思维或创作的过程中，电脑软件已经成为服装设计师手中最有效、最快捷的设计工具，特别是在一些较正规的服装企业中对服装设计CAD、服装设计CAM等设计、打板、推板软件的运用十分普及，绣花纹样、印花纹样等也是靠计算机来完成。

8. 观察力和敬业精神

　　作为一名服装设计师，对服装具有敏锐的观察力是非常重要的。由于在服装设计教育中，过多地强调基础技能和技法训练，学生往往市场意识淡薄，缺乏明晰的思路、敏锐的观察力以及整体的思维能力，毕业后经常不能很快适应设计师的工作。主持一个品牌，要靠设计师较强的综合能力和对服装敏锐的观察力，需要用理性的思维，去分析市场，找准定位，有计划地操作、有目的地推广品牌。所以，如何做出品牌风格、如何吸引的顾客、扩大市场占有率、提高品牌的形象、增加设计含量、获得更大附加值、创造品牌效应，是服装设计师应具备的基本素质与技能。

　　服装设计从广义上来说应该包括款型设计、结构设计和工艺设计三个部分，款型设计实现服装的外观美，结构设计实现款型构成的合理性，而工艺设计最终体现结构关系的可行性。三者缺一不可，相互渗透、相互制约。

　　随着人们生活水平和审美要求的发展，对服装外观包括质量的要求也越来越高，这都带给了设计师更大的责任。发展和创造未来的使命把设计师推上了一个伟大而艰巨的岗位。世界上许多名牌服装是以设计师为主导而建立的，设计师所具备的设计理念、市场营销观念、品牌意识是企业任何人都无法替代的。因此，设计师是新产品开发、生产发展和市场决策并直接为公司创造产品价值的关键人物，这要求了服装设计师需要具备较高的修养，包括具有优秀的人格和善于与人合作的品质，除技术和艺术造型能力之外，应立足时代的前沿，有对时代变迁的敏感性和预见性，即对未来社会、人类生活、设计经营所必需的认识论、现象学、人类学等人文科学的了解。设计的边缘科学性质还决定了设计师应该把握现代设计的基本理论和相关学科的基本知识，如美学、社会学、经济学、传播学、市场学、设计方法，设计程序等。

此外更重要的是服装设计师肩负着推进人类文化发展的重任，因此，设计师应该拥有对人类文化发展的责任感和献身设计事业的敬业精神，不断提高自己的设计能力和超前的创新能力，随时了解国际服装流行的新动向，同时服装设计师还必须了解与服装行业相关的法律法规，如专利法、商标法、广告法、环境保护法及标准化规定等内容，才能不断设计出符合时代潮流、受消费者欢迎的好产品。

第四章
服装款式创意设计灵感

第一节　服装款式设计中创意灵感的来源

在创造性活动中，新形象与新思想的出现常常带有突发的性质，这种心理状态人们称为"灵感"。灵感具有突发性、超常性、创造性，对设计者而言，灵感是设计的种子，也是设计的生命，是决定设计作品优劣的关键所在。

设计灵感的主要来源于文化艺术、传统文化、民族文化、环境变化、生活感受、时尚元素、流行趋势等多种途径，这些都是能激发服装设计师灵感的强大动力。

一、仿生设计

大自然在给以人类生存与美感的同时，也为人类的艺术创作提供了丰富的素材与灵感。雄伟壮丽的山川河流、纤巧美丽的奇花异草、循环轮回的春夏秋冬、凶悍可爱的动物世界等，大自然的美丽景物与色彩为我们提供了取之不尽、用之不竭的灵感素材。人类模仿生物的造型或机能进行的科学创造，即称为仿生学，它是一门属于生物科学与技术科学交叉的边缘科学。

仿生学的出现大大丰富了人类思维的想象力，拓宽了思维的范围。对于现代服装设计来讲，仿生学研究的方向和内容为服装设计在设计思想、设计理念及技术原理等方面提供了理论与科学的物质支持。在服装设计中，设计师对仿生学的运用主要是在可选择的材料和设计手法上，他们模仿大自然中各种物态的特征，并在其恰到好处的艺术处理与创新中进行转化，使之富有科学性、创新性、实用性，从而创新服装的造型形态、图案质感。

1. 服装造型的仿生设计

远古时期，人类在为生存而与大自然搏斗时产生了对神灵幻觉的依赖，古老的植物、动物都成为原始人类创造、构想的源泉。一直以来，人类总是把自然界的形态作为首要的艺术造型模板，这就说明了自然界中蕴藏了无穷无尽的美，而服装设计领域也同样如此，如图4-1所示。

从服装的造型看，如燕尾服（图4-2），这是欧洲正统的男士礼服，因其后衣片长垂至膝部，后中缝开衩一直开到腰围线处，形成两片燕尾而得名。虽然当今的燕尾服在领子、袖口等地方有些改变，但其本质依旧如初。见到它，让人有一种肃然起敬的感觉，这也正是燕尾服的魅力所在。又如婴儿田鸡服，是模仿青蛙俯蹲姿态而设计的（图4-3）；以及鱼尾裙（图4-4）、仿喇叭花的超短裙、仿多层花瓣的多层女裙等。

图 4-1　仿生服装设计

图 4-2　燕尾服

图 4-3　婴儿田鸡服

图 4-4　鱼尾裙

从袖形看，马蹄袖、羊腿袖、蝙蝠袖、仿荷花叶子外形的荷叶袖在女装设计中运用广泛，如图 4-5 所示。

图 4-5　袖子设计

从领型上看，燕子领、蟹钳领、青果领、丝瓜领、香蕉领、葫芦领、花瓣领等，均分别模拟了自然界的实物形态，如图 4-6 所示。

图 4-6　领子设计

2. 服装色彩的仿生设计

自然生物的色彩首先是生命存在的特征和需要，对设计来说更是自然美感的主要内容，其丰富、纷繁的色彩关系与个性特征，对产品的色彩设计具有重要意义。

海蓝、乳白、米黄……我们对于颜色的叫法本身就来自自然界。各种色调在大自然中应有尽有，人们可以把这些令人向往的色彩尽情地运用在服装设计中。当然，服装设计对于颜色的仿生并不仅仅局限在纯色，色彩搭配也是自然界教给设计师经典的一课。阳光穿过竹林的颜色，海浪拍打沙滩的颜色，雪落在梅花上的颜色，设计师把这些自然之美加以整合，运用到服装设计中，赋予这些视觉印象自己的韵律、节奏和味道。人们穿上这美丽华服的一刻，正是人与自然和谐相处的一刻。

橙黄色：代表着时尚、青春、动感、炽烈的生命感，太阳光也是橙黄色的，如图 4-7 所示。

绿色：代表着清新、健康、希望，是生命的象征；还代表安全、舒适之感，如图 4-8 所示。

蓝色：代表着宁静、自由、清新、沉稳、安定与和平，欧洲将之作为对国家忠诚之象征，一些护士的护士服就是蓝色的；在中国，海军的服装就是海蓝色的。深蓝代表孤傲、忧郁、寡言，浅蓝色代表天真、纯洁，如图 4-9 所示。

白色：代表着清爽、无瑕、冰雪、简单、纯洁以及轻松、愉悦，是无情色，是黑色的对比色。浓厚的白色会有壮大的感觉，有种冬天的气息。在东方白色也象征着死亡与不祥之意（图 4-10）。

彩色：代表着愉悦、兴奋、开朗，但也有着嘈杂、凌乱之感，合理地运用不同色彩形成不同的图案能够给人以不同的心理感受（图 4-11）。

图 4-7　橙黄色服装展示

图 4-8　绿色服装展示

图 4-9　蓝色服装展示

图 4-10　白色服装展示

图 4-11　彩色服装展示

3. 服装材料的仿生设计

现代服饰的概念已不仅强调款式的新颖独特、色彩图案的合理搭配，而且更加注重服装面料本身的材质、性能及特殊功用、面料与服装造型的关系、面料与服装生产的关系等内容。在商品经济的概念下，服装是超越使用价值而体现交换价值及其增值的最具有代表性的商品之一。

因此，在服装材料上也充分体现了人类文化，并通过流行的变化，表达了人们对富裕、休闲、舒适、审美、艺术等物质与精神需要的不断追求。设计师通常利用各种材料的质地、触感、可塑性、悬垂性、功能性以及图案肌理等特点对材料进行仿生设计。

仅从服装材料的外观看，就有很多不同的运用方式，如图 4-12、图 4-13 所示。

图 4-12　羽毛在服装中的运用

图 4-13　不同材料纹理在服装中的运用

　　从服装材料的功能性看，如中空纤维，是通过仿动物皮毛得来的一种材料。当人们对动物的皮毛进行详细研究时，发现动物的毛发内有空腔存在，其形态类似于中空管，所以保暖效果非常好。人们受到启发后，开始尝试研究制造中空纤维，如图 4-14 所示。

　　又如变色面料，是仿变色龙皮肤应急系统所制造的材料，如图 4-15 所示。利用仿生学原理，目前相关机构已研制成功了一种能自动变色的光敏变色纤维，该纤维对光线和湿度都十分敏感，能够随着环境中温度、湿度的变化而变化。

图4-14 中空纤维   图4-15 温感面料

二、民族文化素材

在现代服装设计中，由于民族服饰元素具有非常特殊的民族风情，所以得到了设计师的热爱，它不仅成为设计师进行现代服装设计的灵感源泉，也成为他们进行创作的主要素材。如果将民族服饰元素与现代服装设计交融在一起，不仅要进行设计形式的创新，还要对民族服饰文化进行一定的认可。目前民族服饰元素已经在现代服装设计中得到了非常广泛的使用。已有设计师通过分析民族服饰元素的含义，对民族服饰元素与现代服装设计的交融进行了重点研究。

民族服饰作为文化的重要载体，代表了其发展历程，是一个民族精神内涵和文化价值的体现。随着人们对服装国际化风格的反思，越来越多的人意识到文化多元性及历史延续性的重要，民族主题顺应时代成为一大热点。从世界范围来看，服装的民族风格主题自20世纪70年代以来至今一直盛行不衰，服装设计师将民族元素巧妙地融于现代的时装形式中，使它们在散发着神秘的民族味道的同时又不失时装之现代精神。

民族服饰造型元素在现代服装设计中的应用，因为东方和西方在文化及审美上存在着一定的区别，所以在传统服饰的结构设计和精神设计层面也会具有相应的不同：西方的服装体系认为人体是最重要的，在设计的过程中比较看重服装的立体效果；我国的设计师由于受到儒家思想的影响，与西方以人体为主的理念不同，认为礼仪更加重要，再加上对中庸之道的关注，我国的传统服饰一直以来表现出烦冗、宽博的特点，而且通过查阅资料还可以得出，我国设计师设计的上衣基本上都是比较宽松的，如图4-16所示。

图4-16 中国传统民族服饰

　　2012 年某品牌秋冬季女装系列中（图 4-17），直接运用帝王的龙袍局部，利用细碎剪裁再拼接的形式，选择不规则的布块拼接在长裙的视觉中心位置，在军绿色的映衬下，以黄色为主色调的花色抢眼、醒目。长裙的腰间设计有黑色腰带，与袖口的黑边相互映衬，使整体和谐统一。

图 4-17　民族服饰元素创新应用 1

　　2015 年该品牌再次锁定龙纹元素，将蛟龙图案绣在了夹克、T 恤、连衣裙上。与 2012 年使用龙纹元素明显不同的是在领口和胸口周围，运用 19 世纪中国屏风上的传统金龙图案作装饰，左右对称（图4-18）。

图4-18　民族服饰元素创新应用2

再如西藏的藏族服装（图4-19）、贵州的苗族服装（图4-20）及我国其他少数民族的服装、头饰、颈饰、腰饰等，以及，我国民族服饰艺术中所特有的剪花、补花、抽纱、刺绣、拼镶及手工扎染和蜡染等多种装饰工艺素材，也被广泛地运用到了现代服装设计之中，如图4-20所示。

图4-19　藏族服饰文化

图 4-20　苗族服饰文化

目前，在设计现代服装结构时，除了应用民族造型元素中的一些特殊元素外，基本上还是利用现代服装设计中合体的造型手法来进行服装的设计，这样不仅能够充分融合传统领域中的门襟、盘扣以及底摆等元素，还能将民族造型元素与现代服装设计中的造型元素结合在一起，在满足现代人对服装功能需求的同时，体现出现代服装设计中的民族美，如图 4-21 所示。

图 4-21　我国民族元素服饰设计

三、继承借鉴

创造是基于历史的创造，创造的过程本身也是继承和发展传统的过程。

所有的艺术都是相通的，当我们在研究服装的时候不可能完全脱离其他艺术而孤立的谈设计。如果不通过借鉴和模仿来获取新的设计元素，灵感迟早会干涸，只有当我们借鉴或吸取服装的姊妹艺术的精华时，设计灵感才会源源不断产生。

服装款式创意设计是一门独立的艺术，但它并不是孤立的，它与其他艺术门类有着广泛联系。款式创意设计讲求的是灵感和构思，这种发散的、跳跃的思维形态，是设计师同周围千姿百态的艺术形式接触的产物。许多服装设计师面对能够引起共鸣的艺术作品时，能及时地捕捉那些新思想和新形象，并借助灵感，设计出无数新颖、富有个性的创意服装，如图 4-22 所示。

图 4-22　传统风格服装设计

四、科学的启迪

科学技术的进步，对于服装的流行有着很大的影响，从古至今，每一种有关服装技术方面的发明和革新，都会给服装的发展带来重要的促进作用，特别是新型纺织品材料的开发和加工技术的应用，开阔了设计师的思路，也给服装设计带来了无限的创意空间及全新的设计理念（图4-24）。纳米科技、生物科技、信息科技为主导的新时代的到来，新环保纤维的问世，防紫外线纤维、温控纤维、绿色生态的彩棉布、胜似钢板的屏障薄绸等新材料的问世都给服装设计师带来了更广阔的设计思路，科学的发展也使许多设计师渴望通过材质来表现服装新观念、新创意的梦想成真，如图 4-23 所示。

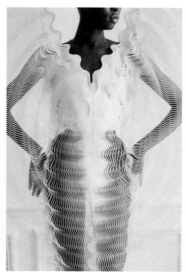

图 4-23　新材料运用

五、经验积累

"站在巨人的肩膀上，可以看得更远。"没有前人的范例引导，又怎么超越突破，所以设计师应多研究、欣赏他人的作品。学习是一个漫长的过程，要想成为一名优秀的服装设计师，不仅需要有一定的天赋，更需要懂得学习方法并为之付出辛勤的努力。

1. 要重视专业资料和各类信息的收集和整理

专业资料和各类信息的收集积累在服装设计的学习提高过程中是十分必要和基础的。这是一项长期不能间断的工作。

2. 要善于在模仿中学习提高

模仿行为是高级生命共有的本性特征，在学习过程中使用模仿手段。从行为本身来看，可能算是一种抄袭，是创造的反义词，但许多成功的发明或创造都是从模仿开始的，适当的模仿应该视为一种很好的学习方法。

3. 不断提高审美能力，树立自我的审美观

审美能力，也称审美鉴赏力，是指人们认识与评价美、美的事物与各种审美特征的能力。也就是说，人们在对自然界和社会生活的各种事物和现象做出审美分析与评价时所必须具备的感受力、判断力、想象力和创造力。作为设计师，培养和提高审美能力是非常重要的，审美能力强的人，能迅速地发现美，捕捉到蕴藏在审美对象中的本质，并从感性认识上升为理性认识，只有这样才能去创造美和设计美（图 4-24）。

图 4-24　新中式服装设计

4. 提高敏锐度及时地去捕捉并利用

设计创作的最初灵感和线索往往来自于生活中的方方面面，有些事物看似平凡或者微不足道，但其中也许就蕴含着许多闪光之处，作为设计师要及时感知事物发展动向，提高敏锐度。

第二节　创意设计灵感的实现

一、策题或选题

在进行服装设计之前，了解和掌握设计对象所具备的各方面条件，是我们必须要做的首要工作，因为它是服装设计工作成立的前提。只有充分了解这些具体内容，才能有针对性地开展设计工作，才能合理科学地给予服装以准确的定位，这是满足设计需求的基础（图 4-25）。

图 4-25　休闲运动主题服装效果图（作者：陈丁丁、岳满）

二、搭建设计骨架

主题是精神，精神不能脱离肉体存在，骨架是肉体的支撑，也决定了肉体的格局。在设计过程中表现为设计企划，大致包括为以下四个方面。

1. 主题灵感

根据所选定的主题进行扩展、调研、对比、分析、细化并完善，以图片或文字的形式更直观地表现出来，以便设计得以进一步实施。

2. 款式风格

指服装的式样，通常指形状因素，是指在设定的主题中以具体的款式来体现设计主题、服装定位及整体风格。

3. 面料及色彩

构想中的系列如何划分色彩表现设计主题理念；它们的材质是什么样的，市场上能否找到适合的面料支持设计创意。

4. 工艺细节

要通过哪些细节来表现设计概念的整体性，各系列之间会找到什么样的关系，用什么样的细节来支撑；现在用的这些细节能否和整体的设计语言统一来考量。

下面以《裔》设计企划为例进行介绍。"裔"在字义上是指衣服的边缘，"华裔"是指华侨在侨居国所取得侨居国国籍的子女。衣服边缘是衣服的一部分，而华裔也是华人的一部分，其更是中华文化在世界各地的传播者和迁徙者。对于华裔来说，虽然国籍变了，但改变不了的是流淌在血液里的华人基因。此次冬季新款的开发灵感来源于唐人街。唐人街是华裔密度最高的一个地方，在这里，东西方文化得到了很好的结合，在中国文化保留得相当完整的情况下，同时也融入了各种西方文化，异种文化的冲击为设计师带来了源源不断的灵感。比如中国的新中式窗棂，东西方的涂鸦街头艺术，还有能作为元素运用载体的门牌。

在冬季新款的开发上，设计师继续行走在东方文化里，更深入地挖掘，更有冲击力的创新形式，古代与现代的结合，东方与西方文化的碰撞，这些辩证性的设计理念将全新地融入我们冬季的系列里。

本设计主题展示、灵感来源、主题元素运用及细节工艺参考等见图 4-26 ~ 图 4-56。

图 4-26　主题展示

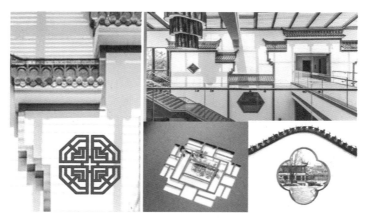

图 4-27　灵感图 1

图 4-28　主题元素运用 1

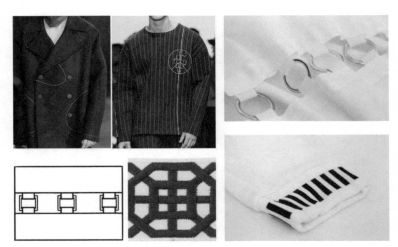

图 4-29　细节工艺参考 1

图 4-30　细节工艺参考 2

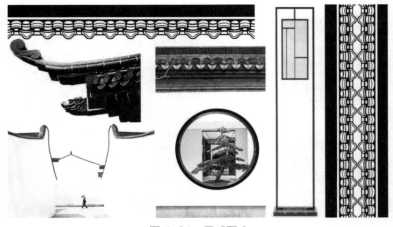

图 4-31　灵感图 2

图 4-32　主题元素运用 2

图 4-33　灵感图 3

图 4-34　主题元素运用 3

图 4-35　涂鸦元素提取 1

图 4-36　涂鸦元素提取 2

图 4-37　涂鸦元素提取 3

图 4-38 包

图 4-39 鞋子

格子　元素　肌理

字母　配件　亮色

红嘜款　师傅款　窗花款

图 4-40 袜子

图 4-41　原色单宁

图 4-42　高领穿搭

图 4-43　细节绗缝

图 4-44　面料分析 1

图 4-45　面料分析 2

图 4-46　面料分析 3

图 4-47　面料分析 4

图 4-48　色系：橙

图 4-49　色系：姜黄

图 4-50　色系：大地色

图 4-51　色系：黄松绿

图 4-52　色系：巧克力色

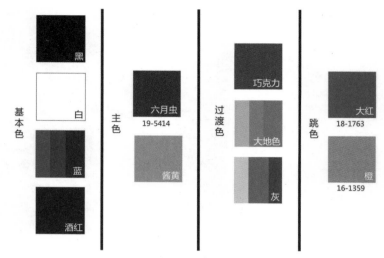

图 4-53　色系展示

图 4-54　basic life 生活系列展示

图 4-55　chic 潮流系列　　　　图 4-56　exercise 运动系列

三、制作与完善

设计是一种不断修改与完善的工作，让设计师的美学观念变成更好的产品体验，制版师、工艺师会和设计师一起对设计图纸上未考虑周全的地方进行细微的调整，有时是开兜口的位置，有时是一个缝扣的方式。在审板的过程中，设计师是在经历一个概念转化成一件产品的全过程，也会有一些补充、调整或推倒重来。或许在实现的过程中可以顺利地成为现实，或许只有其中的局部成为可能。因此，创意由思想转化为实践的第一关，便是创意的可行性，如图 4-57、图 4-58 所示。

检验创意思维可行性的方法很多，如预演法、模拟法和分析法等。

图 4-57　制作工艺

图 4-58　制作过程

◁ 1. 预演法

预演法就是将创意的初步成果交由目标对象进行使用，并在使用过程中跟踪调查，了解创意本身的缺陷，在进一步的设计过程中改进、修订，使之得以顺利实施。产品开发推向市场的过程中多采用这种方法，在设计过程中对研制出的样品在小范围的市场上试验，对产品在市场上的各种因素的反应做综合性的试销尝试，让新产品在小范围真实市场的基础上进行检验。通过预演方式所发现的检验意见常常是较客观的。

但是，预演法在检验创意时也有不足。因为优秀的创意常常是大规模一次性轰动的，是前无古人后无来者的。这种不可重复性决定了创意的实现是不可能只在小范围的局部预演的。同时，预演的本身也就泄露了创意策划的秘密，很容易被竞争者窃取，率先抢占。

2. 模拟法

模拟法是为了克服创意策划不能用预演法进行可行性论证，而在预演法基础上发展出来的考察手段。一般来说，在模拟的过程中会将整个方案进行分解，然后逐一在头脑中试演，发现不合理就改正它，使整个创意策划具有充分可行性。

预演法和模拟法在检验创意可行性的过程中有一个最大的特点就是论证的不完善性。预演法只能在一个小范围内进行，因而在大范围的环境中不一定切合实际。模拟法中所抽象出的模型是从现实中抽象出来的，也不能完全地反映出各个方面的问题。因此，为了克服这些缺点，产生了更为周全细致的方法：分析法。

3. 分析法

分析法就是分析创意过程中事物发展变化的因果联系，把握住事物之间的关联，揭示出研究对象的隐秘，因而得出缜密细致的可行性判断。只有对所要论证的创意有前后因果的分析，才能从最本质的地方抓住创意思维发展和实现的基本情况，对整个过程了然于心。

第五章
服装款式创意设计构成与表现

第一节　服装款式廓形设计

一、服装款式廓形设计概述

服装廓形是指服装的外部造型线，也称轮廓线，是区别和描述服装的一个重要特征，不同的服装廓形体现出不同的服装造型风格。纵观中外服装发展史，服装的发展变化就是以服装廓形的特征变化来描述的，服装廓形的变化是服装演变的最明显特征。

人体是服装的主体，服装造型变化是以人体为基准的（图5-1），服装廓形的变化离不开人体支撑服装的几个关键部位：肩、腰、臀以及服装的摆部。服装廓形的变化也主要是对这几个部位的强调或掩盖，因其强调或掩盖的程度不同，形成了各种不同的廓形。

图 5-1　人体

服装廓形以简洁、直观、明确的形象特征反映着服装造型的特点，同时也是流行时尚的缩影，其变化蕴含着深厚的社会内容，直接反映了不同历史时期的服装风貌。服装款式的流行与预测也是从服装的廓形开始，服装设计师往往从服装廓形的更迭变化中，分析出服装发展演变的规律，从而更好地进行预测和把握流行趋势。服装廓形虽然在不同历史时期，不同社会文化背景下呈现出多种形态，但探寻其内在规律仍有迹可循。

二、服装款式廓形设计分类

廓形按其不同的形态，通常有几种命名方法：一可按字母命名，如 H 形、A 形、X 形、O 形、T 形等；二可按几何造型命名，如椭圆形、长方形、三角形、梯形等；三可按具体的象形事物命名，如郁金香形、喇叭形、酒瓶形等。服装设计随设计师的灵感与创意千变万化，服装的廓形就以千姿百态的形式出现。每种廓形都有各自的造型特征和性格倾向。服装廓形可以是一种字母或几何形，也可以是多个字母或几何形的搭配组合，今天的女装设计就是以多种廓形的结合为主。下面介绍几种服装基本廓形特征。

1. A形廓形

A 形廓形也称正三角形外形，该廓形的服装在肩、臂部贴合人体，胸部比较合体，胸部以下逐渐向外张开，形成上小下大的三角造型，具有活泼可爱、流动感强、青春活力等性格特点，被称为年轻的外形。A 形廓形服装由迪奥品牌在 1955 年首创，20 世纪 50 年代在全世界的服装界中都非常流行，在现代服装中也广泛用于大衣、连衣裙的设计，如图 5-2 所示。

2. H形廓形

H 形廓形也称矩形、箱形、筒形或布袋形，其造型特点是不夸张肩部，腰部不收紧、呈自由宽松形态，不夸张下摆，形成类似直筒的外形，因形似大写英文字母 H 而得名。H 形廓形服装具有修长、宽松、自然流畅、随意的特点，适合传达中性化和简洁干练的意味，多用于职业休闲装、家居服以及男装的设计中。第一次世界大战以后 H 形服装在欧洲颇为流行，但当时还没有以英文字母命名。1954 年 H 形廓形服装由迪奥品牌正式推出，1957 年再次被法国时装设计大师巴伦夏加推出，被称为"布袋形"，20 世纪 60 年代风靡世界，80 年代初再度流行，如图 5-3 所示。

图 5-2　A 形廓形服装　　　　　　图 5-3　H 形廓形服装

3. X形廓形

X 形廓形，又称沙漏形，是最具女性体征的轮廓，能充分展示女性优美舒展的三围曲线轮廓，体现女性的柔和、优美、女人味与雅致的性格特点。其造型特点是肩部稍宽、腰部紧束贴合人体、臀形自然、裙摆宽大，能完美地展现女性的窈窕身材。近代服装大师常常运用 X 形廓形来创造新的时尚，它在服装造型中占有重要地位。X 形廓形在经典风格、淑女风格的服装中运用得比较多，礼服的设计也多采用 X 形廓形，塑造轻柔、纤细的古典之美，并通过立体裁剪达到完美合体的效果，如图 5-4 所示。

4. O形廓形

O 形廓形呈椭圆形或卵形，其造型特点是肩部自然贴合人体，肩部以下向外放松张开，下摆收紧，整个外形比较饱满、圆润。O 形廓形服装具有休闲、舒适、随意的特点，给人以亲切柔和的自然感觉。O 形廓形在现代成衣设计中常作为服装的一个组成部分，如领、袖或裙、上衣、裤等单品的设计。在休闲装、运动装以及居家服的设计中用得比较多。O 形廓形在 20 世纪 50 ~ 60 年代曾流行过，如图 5-5 所示，21 世纪初这种廓形再次成为流行元素。

图 5-4 X 形廓形服装   图 5-5 O 形廓形服装

5. T形廓形

T 形廓形的特点是夸张肩部，下摆收紧，形成上宽下窄，呈 T 形或倒三角形造型的效果。T 形廓形服装一般肩部加垫肩或在肩部做造型及面料堆积处理。T 形廓形在形态上与男性体形相近，呈现力量感和权威感，具有大方、洒脱的特点，多用在男装、前卫风格的服装以及表演装的设计上。在强调女权运动的 20 世纪 80 年代这种廓形非常流行，如图 5-6 所示。阿玛尼设计的宽肩造型是对女装设计的一大突破，给女装带来了男性气质。

6. S形廓形

S形廓形是一种极具女性特征的廓形，其造型特点是突出胸部、收腰、夸张臀部或裙摆收紧，充分展示女性的曲线美，如图5-7所示。

图5-6　T形廓形服装　　　　图5-7　S形廓形服装

三、服装款式廓形设计方法

强调和美化服装廓形是为了突出人体美好以及掩饰不足，服装廓形的设计方法有很多种，可以按照设计意图在确定原服装的廓形基础上进行部分或全部空间位移而得到廓形的创新，也可利用几何模块进行组合变化，还可以运用立体裁剪方法在人台上或模特身上直接造型，以取得外轮廓的最佳效果，如图5-8所示。服装要适用不同场合的需要，不同体形的高矮胖瘦、凹凸起伏也是服装廓形设计的重要参数。

服装廓形设计的具体方法包括：元素变化法、直接造型法和材料拼贴组合法。

图5-8　创意服装廓形展示

1. 元素变化法

元素变化法是指对基本型服装确定设计要素的关键元素，然后根据设计需要进行部分或全部发生变化的方法。

2. 直接造型法

直接造型法是指借助人台以立体裁剪的方式进行造型的方法，俗称为立体裁剪。这种方法在廓形的设计上是非常直观和随性的，能产生出非常多的设计可能性。

3. 材料拼贴组合法

这种方法运用现代平面构成中的增加、减少、覆盖、减缺等有关原理，经过基本形、可塑形、固定形三个步骤逐步完成，达到较理想的服装轮廓。

服装的廓形千变万化，常见的廓形分类方式只是为设计者提供一种简单明了的廓形概括，它只是一种参考。在服装廓形设计的过程中，设计师要善于发现细微的不同，并且掌握服装设计的大体方向是廓形设计需要注意的。

第二节　服装款式内结构设计

一、概述

服装款式内结构设计是指在保持服装基本外轮廓造型特点的基础上，通过服装内部结构的变化来进行服装款式的完善。服装款式内结构设计是完善服装整体形象的关键步骤，通过对服装内部的修饰和调整，使服装整体形象更符合设计。

二、服装款式内结构设计分类

服装款式内结构的设计方法是以人体为基础，从结构规律出发，去解构、组合服装的设计方法，主要有以下几种方法。

1. 分割线的设计与变化

分割又叫破缝、剪开、破断。分割线的功能既有实用性又有装饰性，它是服装设计中常用的设计手法之一，服装上常用的分割形式有：

①垂直分割，又叫竖线分割；

②水平分割，也叫横线分割；

③斜线分割；

④曲线分割，也叫自由分割。

分割线的结构设计与变化，如图5-9～图5-15所示。

图5-9　分割线的结构设计与变化1

图 5-10　分割线的结构设计与变化 2　　图 5-11　分割线的结构设计与变化 3

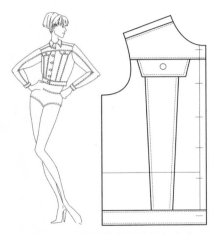

图 5-12　分割线的结构设计与变化 4　　图 5-13　分割线的结构设计与变化 5

图 5-14　分割线的结构设计与变化 6　　图 5-15　分割线的结构设计与变化 7

2. 省道

人体并非单纯的圆筒形体或球体，而是一个有着丰富变化的既复杂而又微妙的立体形体。那么怎样才能使服装达到合体之美呢？这就必须研究服装结构的处理方法。

人体是一个立体的造型，为了使平面状的布料符合人体曲面，在设计时采取的收省道、抽褶、打裥等就是服装结构处理的主要形式。正确地设计省道可以消除平面的布料用在人体曲面上所引起的各种褶皱、斜裂、重叠等现象，能从各个方向改变衣片块面的大小和形状，塑造出各种既合体又美观的服装造型，使服装真正地符合实用、美观的原则。

省道缝合打破了平面的状态，形成了圆锥面和圆台面或其他立体形状，如上衣对准 BP 点的胸省和腰省所形成的曲面就是圆锥面，如图 5-16 ～ 图 5-19 所示；裤腰前后的省缝所形成的面就是圆台面。可以看出，省道满足了胸部的隆起和腰围与臀围之差的关系，设计师要善于运用省道来进行服装结构处理。

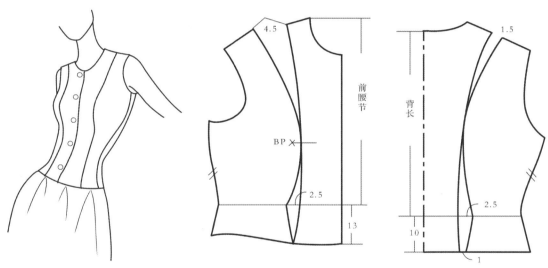

图 5-16　上衣省道结构设计 1

注：单位为 cm，下同。

服装不同部位的省道，其所在位置和外观形态是不同的。按形态的不同，省道分为钉子省、锥子省、开花省、橄榄省、弧形省等。按省道所在服装部位的名称分为肩省、领省、袖窿省、腰省、腋下省、侧省等。

省道的大小要以人体为基础，省道的形式要遵循款式整体设计的要求。省道可以单个进行设计、集中进行设计、多方位进行设计。省道可以是直线的，也可以是曲线的。省道形态的选择主要视服装与人体吻合程度的需要而确定，不能机械地将所有省道都设计成直线省道，而必须根据人的体形情况将有的省道设计为吻合人体的弧线省，且有宽窄变化的省道。设计省道要注意下面几个方面。

（1）不同的曲面形态、不同的贴体程度可以选择相适应的省道形态。

（2）不同部位的省道能起到不同的外观效果。

（3）收省的方法可以多样。

（4）省端点的设计一般选择人体隆起部位高凸点附近（约距高凸点中心3.5cm）。

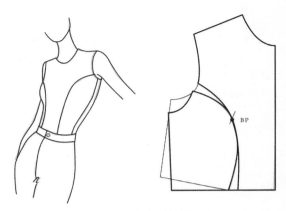

图 5-17　上衣省道结构设计 2

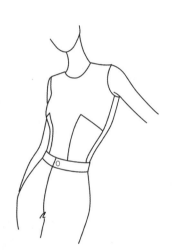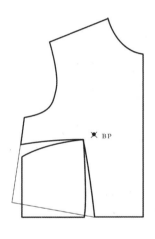

图 5-18　上衣省道结构设计 3

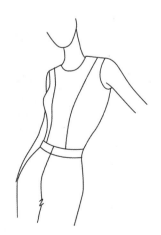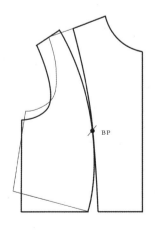

图 5-19　上衣省道结构设计 4

3. 褶裥和塔克的设计

抽褶、打褶、塔克是服装艺术造型中的主要手段之一，它能丰富服装款式的变化，增添艺术情趣，它们不但可以单独运用在结构设计中，也可以与省道、结构线结合起来进行运用。

常见的褶裥有直线的、曲线的和斜线的。从形态上看褶裥有顺褶、对褶、不规则褶、箱形褶、阴褶、阳褶、风琴褶等（图5-20 ~ 图5-24）。

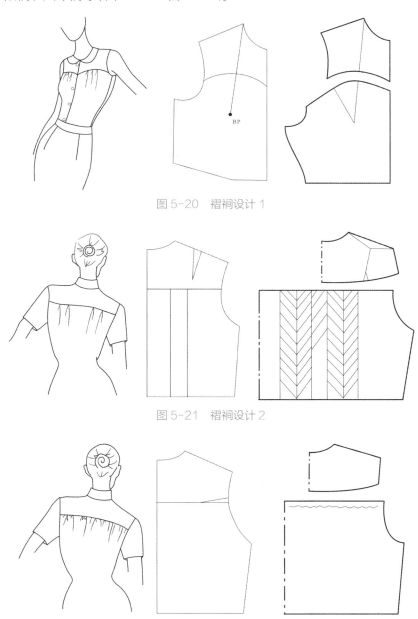

图 5-20　褶裥设计 1

图 5-21　褶裥设计 2

图 5-22　褶裥设计 3

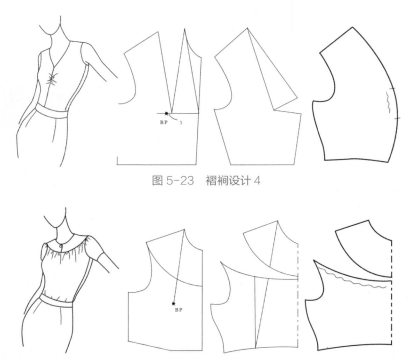

图 5-23　褶裥设计 4

图 5-24　褶裥设计 5

塔克只是将折倒的褶裥部分或全部用缝迹线固定（图 5-25）。按缝迹固定的方法不同，塔克分为普通塔克和立式塔克。

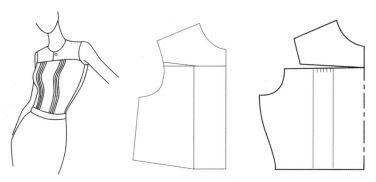

图 5-25　塔克结构设计

三、服装款式内结构设计意义

服装内结构设计相对服装的外廓形设计而言，它的重要性主要体现在以下两点。

◁ 1. 强化、突出人体的体形特征，掩盖人体缺陷

由于服装内结构设计主要是以线条分割的形式出现的，而线条的分割可以产生改变人体体形

的视觉效果，因而在进行内结构设计时设计师往往利用这点来掩盖人体的体形缺陷。

2. 体现服装的主题思想、设计内涵

设计师的设计意图可以通过服装的细节设计表达出丰富的思想内涵，也可以通过服装内部结构处理体现整体服装的设计风格。

第三节　服装款式部件设计

一、概述

服装款式细节设计包括服装部件设计和装饰细节设计，是服装上兼具功能性与装饰性的主要组成部分。细节设计既受到整体服装的制约，又有自己的设计原则和特点，细节设计具有较强的变化性和表现力，往往可以打破服装本身的平淡，起到画龙点睛的作用，成为服装的重点与流行要素。

服装局部设计主要包括服装的领型设计、袖型设计、袋型设计、衣身造型设计及服装线型设计等。

二、服装部件设计

1. 领型结构设计

领型是服装整体造型中最重要的组成部分之一，它是连接头部与身体的视觉中心与衔接区域，可以说领型在很大程度上表现着成品服装的美感及外观质量。所以，我们在进行领型结构设计时不仅要考虑结构的合理性，同时还要注意成型后的领型的视觉效果，这样才能更好地使设计美学与结构设计有机结合在一起。

在领子造型设计方面要遵循设计的基本原则，强调"整体统一局部变化"来满足领子在造型上既要有变化又要有艺术效果的视觉艺术需求，它的变化和风格要保持与整装的设计风格协调统一。

服装中的黄金视区即是指前领胸部位，具体地讲就是穿着驳领西装时的衬衫领型和领带可视部分。"黄金视区"的概念强调了领型的重要性，所以每位设计师都极为重视领型的设计构思和制作表现形式。从视觉艺术的角度来看，通过对领型这一关键部位的刻意"雕凿"的确很能吸引人们的视觉注意，给人第一视觉美感，然后再去感受服装的整体艺术性。

领型和服装一样，它除了具有实用性外还具有很重要的装饰性，其中包括"领型视错"。在现实生活中有各种各样不同脸型的人，有的脸型稍长有的脸型稍短，还有的脸型较圆，有的脸型

较方等。根据视错原理：当圆与圆、方与方处于同一形体中时，会使人产生方、圆线条的重合，给人带来重复呆板和强化原有造型特征之感。因此，在给不同的人设计领型时，设计师要遵循设计美学原则，譬如设计领型时，要避免给圆脸型的人设计圆型衣领，避免给方下巴脸型的人设计方型衣领，避免给尖下巴脸型的人设计 V 字型衣领，避免给由字脸型的人设计横宽型衣领，避免给长脸型的人设计开门式长领类。在设计领型时应该利用设计学中对立统一的创作法则和设计学中的视错原理，为不同脸型者设计出适合自己特点的既实用又美观的最佳领型来。如圆脸型的人可以设计长领类领型，尖下巴的人可以设计横宽式领，由字脸型的人可以设计 V 字型衣领等。

服装领型千变万化，有根据植物造型设计的，如青果领、葫芦领等；也有根据鸟类造型设计的，如燕子领；还有根据建筑造型设计的，如长城领等。由此可以看出衣领之造型设计可以从各个方面捕获灵感，最终设计出绚丽多姿的领型。

为了便于学习和研究，有必要对如此繁多的领型归纳分类。

从衣领外形上可以将领型分为长领类、短领类、高领类、中高领类、低领类、大翻领类、小翻领类、帽领类、无领类等。

按传统分法分为无领类、立领类、祖领类、翻领类、翻驳领类、结带领和帽领类等。

从结构上看，领型分为开门领、关门领、无领类和其他领类四类。这四类领型各自又包括了许多具体的造型。

另外，还有从领型的装饰手法、造型设计来源、地缘概念等来进行分类的，如绣花领、打结领、V 字领、圆型领、燕子领、盆领、连帽领、连掌领、青果领、荷叶领、一字领、中式领、西装领等。本书主要是按领型的结构分类来进行讲解。

（1）开门领

开门领是由领子前部与衣身组合的一部分共同翻折，形成敞开式的一类领型。这类领型常见的款式多为驳领，所以驳领是开门领的主要形式（图 5-26～图 5-30）。

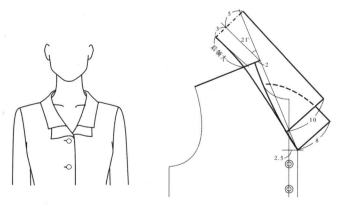

图 5-26　常见开门领款式结构设计 1

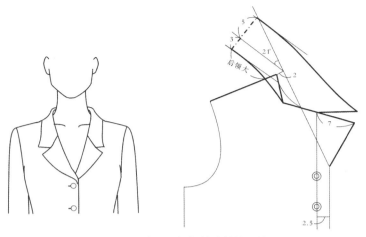

图 5-27 常见开门领款式结构设计 2

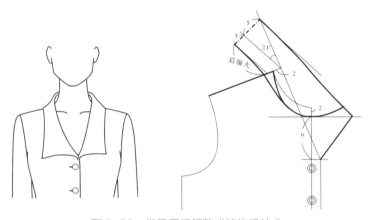

图 5-28 常见开门领款式结构设计 3

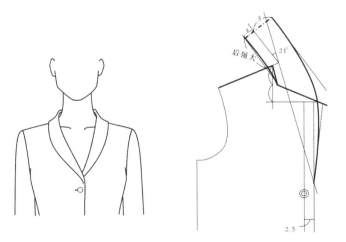

图 5-29 常见开门领款式结构设计 4

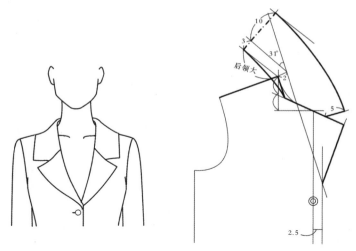

图 5-30　常见开门领款式结构设计 5

（2）关门领

关门领是围在人体颈部的，是属于封闭式的造型，如图 5-31 所示。这类领型从结构上又分为单立领、翻立领、连衣立领和连翻立领等（图 5-32 ～图 5-35）。

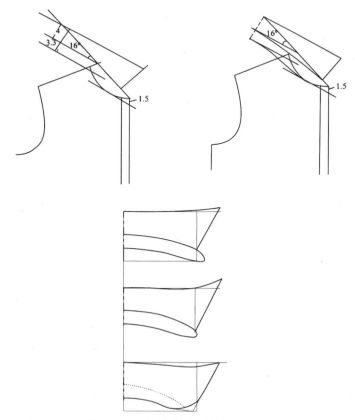

图 5-31　关门领基本型结构设计图示

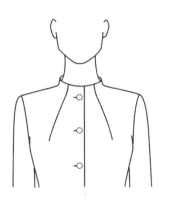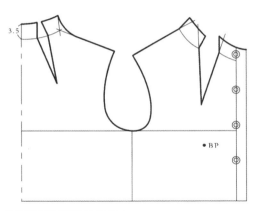

图 5-32 关门领结构设计参考图 1

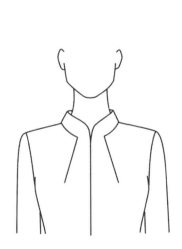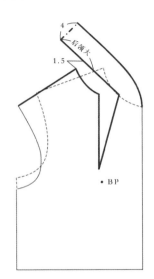

图 5-33 关门领结构设计参考图 2

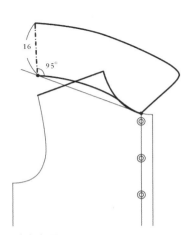

图 5-34 关门领结构设计参考图 3

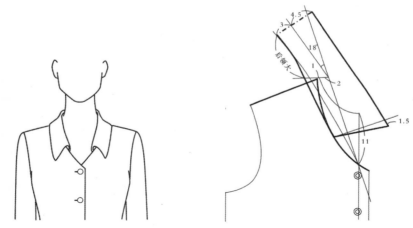

图 5-35　关门领结构设计参考图 4

（3）无领类

无领类的衣领是直接在衣身领窝或肩胸部上造型的一类领型。这类领型的变化也较多，在造型设计上简单直观，不拘一格。无领类多见的形式有领口领、饰边领、收褶领、一字领、V字领等（图 5-36 ~ 图 5-39）。

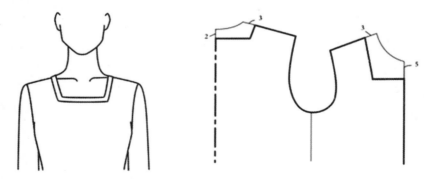

图 5-36　无领类领型结构设计 1

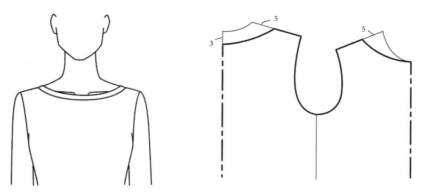

图 5-37　无领类领型结构设计 2

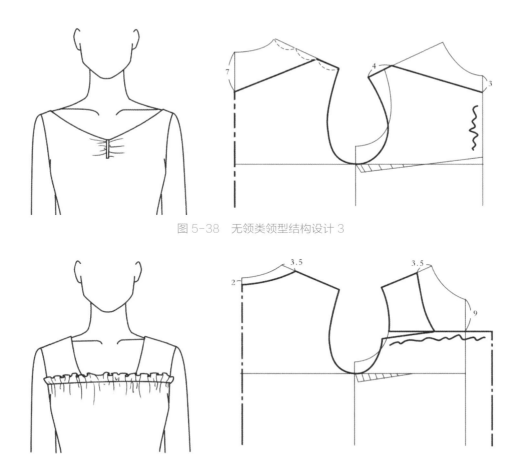

图 5-38　无领类领型结构设计 3

图 5-39　无领类领型结构设计 4

（4）其他领类

其他领类的领型是指领子造型既不属于开门领又不像关门领和无领类领型的特别领型。如花式领、叠领、水兵领和环浪领等（图 5-40、图 5-41）。

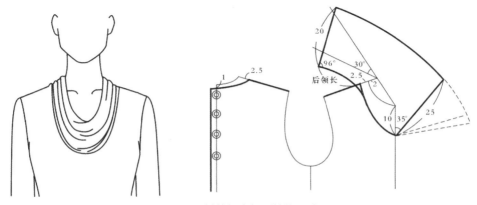

图 5-40　其他领类领型结构设计 1

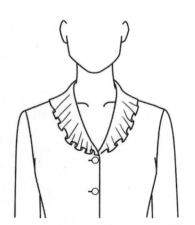
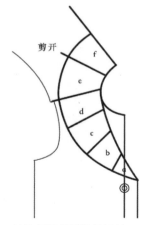
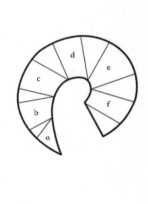

图 5-41　其他领类领型结构设计 2

2. 袖型结构设计

　　袖型具有保护上肢及美化人体的功能，袖型与领型一样是服装整体设计的重点部分。学习袖型的结构知识，首先要对人体的上肢、肩部和服装之间的关系有所了解。上肢由上臂、肘关节、前臂、腕关节和手掌等部分组成，基本结构决定了上肢的活动范围。上肢的运转支柱是三个关节，以锁骨与上臂的肱骨相交为辅，支配着上肢的上、下、左、右，以及前后的灵活转动。为了适应这种功能的需要，在进行袖型结构设计时必须正确设计各种数据，使袖型既实用又美观。

　　衣袖的款式千变万化，如图 5-42 ～图 5-53 所示，从结构上

图 5-42　袖型分类

袖型分为圆装袖、插肩袖、连袖、肩压袖等；从袖片构成数量上分为一片袖、二片袖和多片袖；从袖子长度上分为冒尖袖、长袖、中袖、短袖等；从外形上分为直筒袖、灯笼袖、蝙蝠袖、喇叭袖、花瓣袖，环浪袖等。

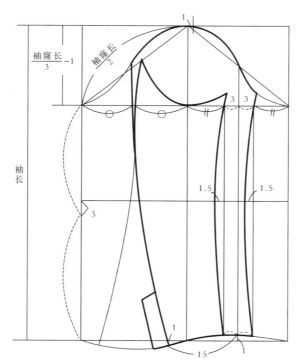

图 5-43　男式原装袖结构设计

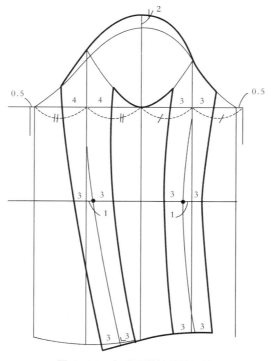

图 5-44　女式原装袖结构设计

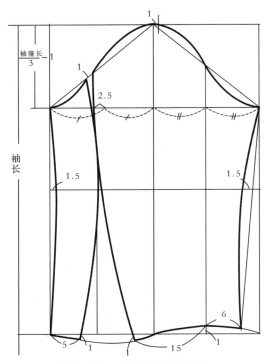

图 5-45　一片袖变化结构设计

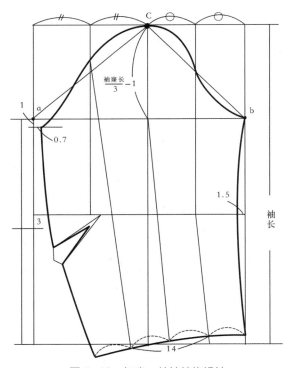

图 5-46　加省一片袖结构设计

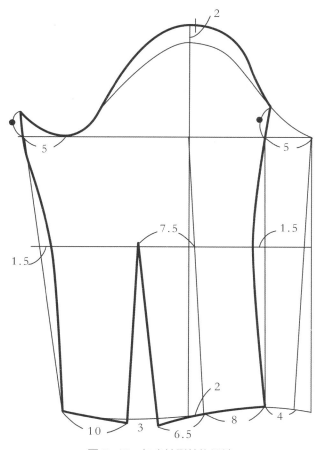

图 5-47　加省袖型结构设计

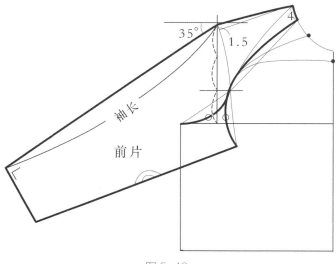

图 5-48

服装款式创意设计

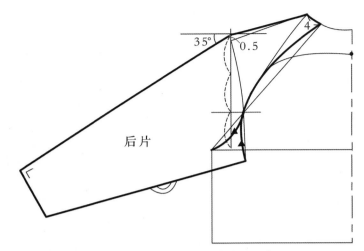

图 5-48　插肩袖基本型结构设计

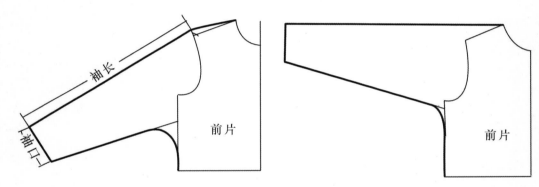

图 5-49　连肩袖袖型结构设计 1

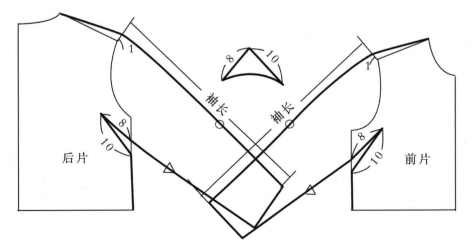

图 5-50　连肩袖袖型结构设计 2

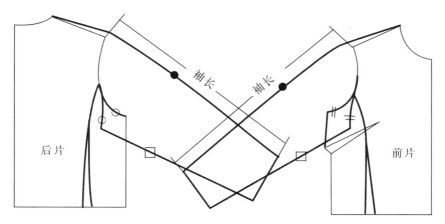

图 5-51　连肩袖袖型结构设计 3

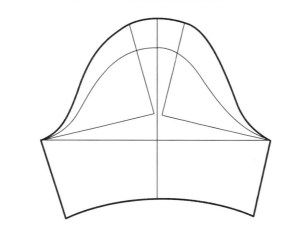

图 5-52　泡泡袖袖型结构设计

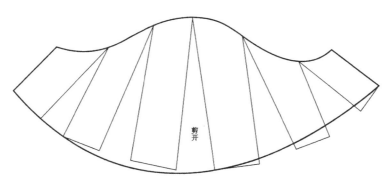

图 5-53　短喇叭袖袖型结构设计

3. 袋型结构设计

服装上的口袋是服装的重要组成部分，它除了具有实用价值外，还有着很重要的装饰作用。

服装的口袋从外形上看五花八门，有大有小有长有短，还有方、圆、立体与平面之分等，如风琴式口袋、中山装立体袋、活动式口袋等。但从制作工艺上一般将袋型分为贴袋、挖袋和插袋三种，如图 5-54 所示

① 贴袋。也叫明袋，是单独一片或几片贴在衣服裁片的外表缝制而成的。

② 挖袋。又叫暗袋和开袋，是在衣片上剪挖出袋口尺寸，利用镶边、加袋盖或缉线制作。

③ 插袋。插袋一般是指在服装分割线缝上制作的口袋。如在左右裤缝上的侧袋，上衣公主缝上开出的口袋等一般都属于插袋。

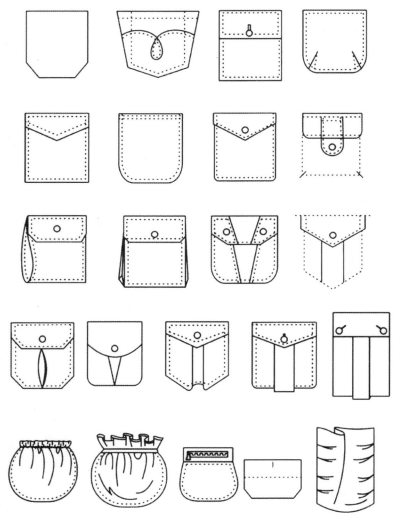

图 5-54　口袋结构设计

口袋的位置主要根据上肢活动的规律和服装整体美观效果而定。上衣口袋的位置一般设在胸部和腹部左右两侧；下装（裤或裙）口袋在胯部旁侧或前侧，臀部左侧或右侧等处。

从实用功能的角度看，口袋的大小尺寸是根据人体手部的尺寸而制定的，但是，口袋除了具有实用价值外还有着很重要的装饰作用，所以口袋的大小设计不但要考虑实用，同时还要考虑口袋的美观。所谓实用性就是说口袋的大小必须要以手的尺寸为依据而设计，而且要视穿着者的性别、年龄、手的长宽及厚度来决定口袋的大小。成年女性一般手宽为 10 ~ 12cm，女上衣的袋口一般设计为 14 ~ 15cm；而成年男子手宽约为 12 ~ 15cm，男上衣的袋口约为 16 ~ 18cm。所谓装饰性就是说口袋的大小不仅要考虑手的尺寸还要重视口袋的大小与整体款式的协调美。例如宽松式风雨衣、长大衣、军用大衣等的袋口较大就是要符合整体款式的协调感。

三、细节设计

在服装款式设计中，细节设计除了通过结构造型设计以外，也常用装饰设计来表现。

服装的细节设计就是服装局部的造型设计，也指服装廓形内的零部件的边缘形状或者是内部结构的形状（图5-55）。装饰设计在服装原有的款式基础上，通过各种工艺形式增加服装的整体视觉效果。服装的细节设计是设计师表达设计理念的重要组成部分，可以表现出设计师独特的设计风格和丰富的想象力。服装设计的装饰设计就是服装细节设计的一部分，因而也是设计师在服装设计中需要注意的。

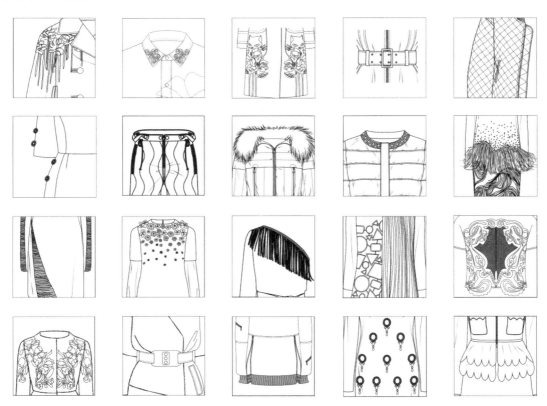

图 5-55　装饰细节设计

　　装饰设计的设计要点有：创意要新颖广泛，风格多样，形式灵活，以个性化装饰在款式廓形、结构、细节上增添服装的特色韵味，成为款式设计中点睛之笔。服装细节的装饰性设计可以更加体现服装的美感，这也是设计师造就成功服装作用的重要基础，常用的包括图案印花、刺绣、钉珠、立体造型等装饰设计。

第六章
服装创意设计款式图表达

第一节　创意服装款式图形式法则

一、概述

服装款式图是在设计效果图的基础上，对构成服装的款式结构的具体表现，主要表现的是服装的平面状态。服装款式图是服装版型完美的依据，是服装工艺实施的保证。由于服装款式图表现的是平面结构图，因此追求的是准确的尺度、工整严谨的线条、服装各部位的比例、符合服装的整体规格及线条的圆顺。它还包括了服装的正面、背面的款式结构，省位的变化，各种分割的细节，纽扣的排列，袋口的位置等详细的图解。服装款式图表现的准确性是设计具体实施的依据，是保障生产产品效果的基本条件。

二、服装款式图基本知识

任何艺术门类都有其自身的艺术表现形式，但对美的追求、美的形式却是相互贯通、共同追求的。服装款式图的表现有其独特的方法、方式和艺术语言。它借助绘画的表现形式，同时运用科学技术进步与发展所提供的新材料、新技术，使服装款式图能展示它独特的视觉美感与魅力。

1. 服装款式图的特性

服装款式图是一种单纯的服装平面展示图，如图 6-1 所示，是要按照人体的比例关系来进行绘制的，可对时装效果图的款式细节、工艺表现进行辅助和补充说明。在绘制的过程中要求比例结构合理，线条清晰明确，画风严谨仔细。服装款式图在企业生产中起着样图、规范指导的作用。

2. 服装款式图的功能

（1）服装款式图是服装设计师理念构思的表达

每个设计师设计服装时首先都会根据实际需要在大脑里构思服装款式的特点，但是重要的是将想法化为现实，那么服装款式图就是设计师最精准、最直观的表达，如图 6-2 所示。

（2）服装款式图在企业生产中起着规范指导的作用

实际上，服装企业里生产批量服装，其生产流程及服装工序是很复杂的，每一道工序的生产人员都必须根据所提供的样品或款式图的要求进行操作，不能有丝毫误差（单元公差允许在规定范围内），否则就要返工。

图 6-1　服装款式图

图 6-2　春夏系列女装款式图

3. 服装款式图的表现

服装款式图是指用于表达款式廓形、结构分割、图案、装饰细节、基本工艺的款式平铺二维图，通常包括正、背面款式平面图，特殊款式还需要侧面图，用以表现款式的廓形、结构分割、装饰细节、面料等。它以清晰表现服装款式本身的设计与工艺为目的，可以传递给制版师正确的版型和设计细节。

服装款式图用以表现款式结构整体性，款式细节图用以表现复杂或具有特色的款式局部与细节，款式效果图通过色彩、面料、明暗的添加更充分地表现款式的三维立体效果。三种类型的款式图各有功能性的倾向，但也可以结合运用，或与着装款式图结合使用，完整地表达款式设计理念。绘制款式平面图是进行服装款式设计所要具备的重要能力。

在服装市场中，款式图对于服装款式的实际设计与开发运作的重要性远高于着装效果图，大部分企业与品牌为了工作效率只需要设计师完成款式平面图与工艺标注，而并不需要着装效果图。款式平面图是服装款式设计最重要的表现手段，可以通过手绘、电脑绘制或两者的结合绘制。款式平面图的绘制风格相对单一，按照线条风格可以划分为完全平面型与微动态型，如图6-3～图6-5所示。

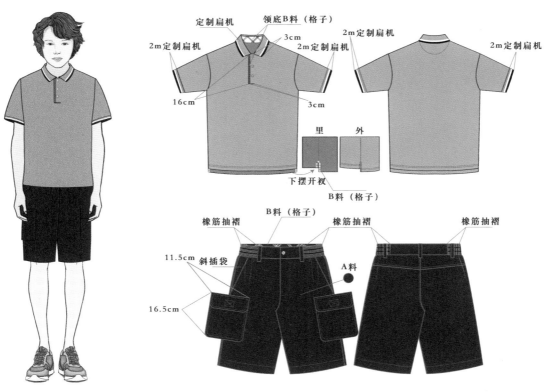

图6-3　男款校服款式图

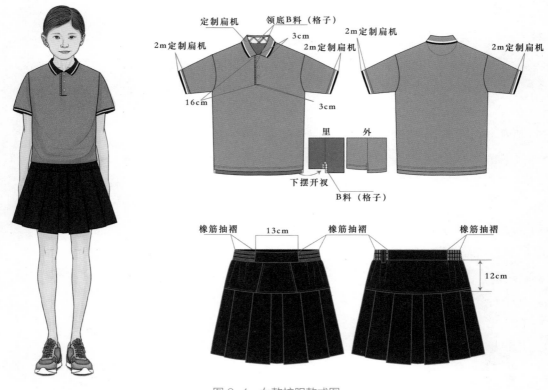

图 6-4　女款校服款式图

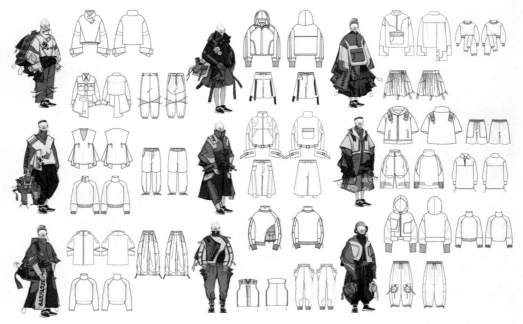

图 6-5　《无根》系列服装款式图（作者：林艺涵）

三、两性不同体形对服装款式设计的影响

　　掌握人体体形特征是服装设计师必须具备的专业素质，因为服装设计是一门造型艺术，这种造型艺术是衣与人体的完美结合。在这种人衣完美的结合中，不同的性别有着不同的客观要求和主观的艺术风格要求，为此我们需要就人体体形，特别是男、女体形特征及其差异对服装设计的影响进行分析和研究。

　　男性的体形与女性的体形有着很大的差别，当然除了两性体形的差别以外，男女在许多行为上、在思维方式上、在审美上、在心理需求上、在物质需求上等都是有差异的。所以我们研究服装美学就需要研究两性体形的特征和两性间其他的差异，综合我们的知识才能设计创作出具有美感的服装，如图6-6所示。

（一）男女体形特征分析

　　男性体形与女性体形相比有很大差别，首先从外

图6-6　男女差异

部形态上看，男女两性最明显的差异是生殖器官；其次从人体的整体造型上看，由于长宽比例上的差异，明显地形成了男女各自的体形特点。男性与女性的体形差别主要体现在躯干部，特别明显的是男女乳房造型的差别。女性胸部隆起，使外形起伏变化较大，曲线较多，而男性胸部较为平坦；从宽度来看，男性两肩连线长于两侧大转子连线，而女性的两侧大转子连线长于肩线；从长度来看，男性由于胸部体积大，显得腰部以上发达，而女性由于臀部的宽阔显得腰部以下发达。由自腰节线至大转子连线所形成的两个梯形来看，男性上大下小，女性则上小下大，男性腰节线较女性腰节线略低。女性臀部的造型向后凸显较大，男性则较小。女性臀部特别丰满圆润而且有下坠感，臀围可视效果感觉明显偏大，男性臀部可视效果感觉明显偏小，并且没有下坠感。此外，男性与女性虽然全身长度的标准比例相同，但他们各自的躯干与下肢相比，女性的躯干部较长，腿部较短，而男性的腿部却较长。

　　通过男女体形的比较可以看出，女性体形的曲线感、男性体形的块面感，这些自然的造型特征都在不同程度上影响着我们的审美观，这也使得服装设计师不得不去思考这个问题。

（二）男女体形特征对服装款式设计的影响

1. 对上衣设计的影响

　　男性的三围（即胸围、腰围、臀围）比例，与女性的三围比例相比有较大的差异，男性的三

围数值相差较小，而女性的腰围与臀围的数值相差较大，所以男性体形可用 T 形来概括，女性体形可用 X 型来概括，这样可以明显地看出男性体形本身挺拔简练的特征和女性体形本身曲线变化的优美特征的对比。简略的 T 形和 X 形在很大程度上影响了不同性别的服装外形特征，如男式大衣类的设计多以筒型和 T 形为主，而女式大衣类多以收腰手法进行设计。

在体形方面，男女有自己的体形特征，男性的肩部宽阔、胸部体积大，显得腰部以上发达，所以在设计上衣时需夸大男士服装肩部造型设计；在外套方面，男性服装收腰设计很少，设计的外形以筒型和 T 型居多。其次，为了凸显男性宽大的体形，表现男性的气质、风度和阳刚之美，男士服装款式应强调严谨、挺拔、简练。

相比男性，细腰、丰胸、翘臀整体曲线更符合女性体形固有的特征。在设计女性上衣时，胸腰差从古至今都受到重视，在 19 世纪欧洲服装史上一度出现了紧身胸衣，以此特制的服装来装束女子，夸张女子臀部造型，甚至不惜伤害女性的肉体来达到这一目的。所以不论过去还是现在为不同性别的人设计服装，在一定程度上是要受其体形特征影响的，这种影响往往是很主观的，这种主观也就是审美观的问题，值得我们去研究，如图 6-7、图 6-8 所示。

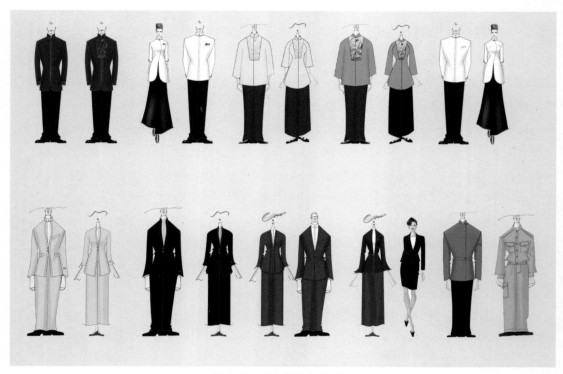

图 6-7　男女服装款式对比

2. 对下装设计的影响

从服装史的角度来看，裤装本来是男性的专利，这与人类对男性的审美标准是有着直接的关系的，当然这与不同性别的社会分工也有着根本的联系，也就是这些诸多因素的并存而产生出了现实的审美观。裤装便于行动，给人以利落感，以男性体形为本，一般宜设计较宽松的裤型，尤其是横裆和中裆部位。男性体形突出的特征是人体上体部位的"膀宽腰圆"，所以受此影响男下装设计一般不予强调腿型和展示下半部的体形特征。而受女性体形特征和审美观念的影响，女裤、女裙的设计却正好与男下装相反，服装设计师一般都要较多地考虑如何设计优美的下装才能充分展示出女性的"美臀""美腿"和优美的曲线。所以女裤的设计多以"收腰显臀"为设计原则，即便是宽松式的裤型也往往是将宽松的部分设计在臀围以下，使得裤脚管宽松，因为这并不能破坏"收腰显臀"的可视效果，如大喇叭裤和宽脚裤。

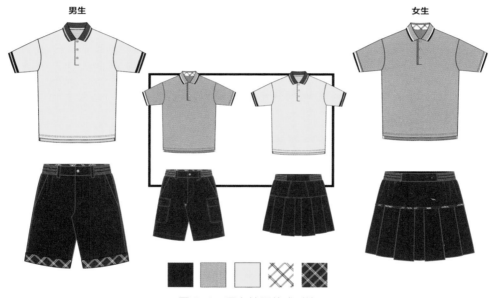

图 6-8　男女校服款式对比

3. 对礼服设计的影响

男式礼服设计更要以男性人体的造型特征为根本，强调礼服的完整、整体的轮廓造型，简洁、符合男性体形的结构比例，严格、精致的制作工艺，使用优质服装面料，还需沉着、和谐的服装色彩。而在女式礼服的设计方面更是受女性体形特征的影响，设计师要考虑女性体形本身与礼服相互融合而展示女性独特的曲线美，如晚礼服要以胸围、腰围、臀围造型的比例特征为思考重点，力求要设计出曲线的美、富有女人味的礼服，如图6-9所示。受西洋文化的影响，中国今日的婚纱礼服设计同样强调"袒胸露臂""收腰显臀"甚至夸大女性臀部造型，并且对头饰"精雕细凿"配以长长的裙拖（裙裾），这样的设计正是因女性体形特征本身传达出的"内容"影响到了设计师的设计审美，也给了设计师无穷的想象和灵感，从而创造了灿烂的现代服饰文明。

（a）女式礼服　　　　（b）男式礼服

图6-9　男女礼服款式对比

第二节　服装创意款式图绘制

服装款式图是表现服装设计意念的必需手段，它能反映出服装的风格、魅力与特征，是传达设计意图、沟通设计与工艺制作的语言。

服装企业和公司中，服装款式设计的最常见的表现形式是平面款式图，其表现技法分为手绘和电脑绘制。服装款式图又称服装平面结构图，是直接展现具体版型、结构线、零部件、缝制线、面料种类等的设计图，其主要功能是用于产品生产。因此，款式图的表现必须严谨、明确、清晰、比例准确、结构正确、表达详尽。

一、服装款式图绘制要点

1. 理解服装结构制图

（1）服装结构制图

服装结构制图指对服装结构进行分析计算，在纸张上绘制出服装结构线组合图的过程。结构制图比例可根据结构制图的目的而灵活制定。

（2）服装示意图

为表达某部位的结构组成，加工时的缝合形态、缝合类型，以及成型后的外部和内部形态等而制定的一种示意图为服装示意图，如图6-10所示。

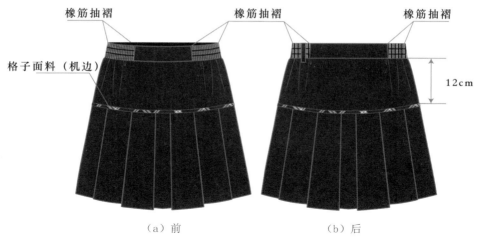

橡筋抽褶　　　　橡筋抽褶　　　　　　橡筋抽褶

格子面料（机边）

12cm

（a）前　　　　　　　　　（b）后

图6-10　服装示意图

2. 基本工艺的符号表现

制图符号是在进行制图时，为了使设计图纸更加标准、规范、便于识别，避免识图差错而统一使用的标记形象（表6-1）。

表6-1　服装制图符号

序号	符号形式	名称	说明
1		直角	在绘图时用来表示90°的标记
2		细实线	在绘制结构图时用来表示基础线和辅助线
3		粗实线	在绘制结构图时用来表示轮廓线和结构线
4		等分记号	表示线的同等距离，虚线内的直线长度相同
5		点划线	表示裁片连折不可裁开
6		双点划线	表示裁片的折边部位
7		虚线	表示不可视轮廓线或辅助线、缉明线等
8		距离线	表示服装某部位的长度
9		经向符号	表示服装材料织纹纹路的经向标记
10		顺向符号	表示服装材料表面毛绒是顺向，箭头的指向与毛绒顺向相同

续表

序号	符号形式	名称	说明
11	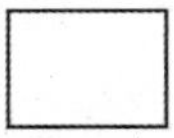	正面	表示服装材料的正面标记
12		反面	表示服装材料的反面标记
13	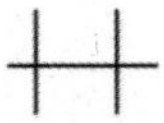	对格	服装的裁片注意对准格子或者其他图案的准确连接标记
14		省略	省略裁片等部位的标记，多用于长度较长而结构制图安排有困难的部分
15		否定	制图中不正确的地方用此标记
16		缩缝	表示服装裁片的局部需要用缝线抽缩的标记
17		扣眼位	表示服装裁片扣眼的定位
18		交叉线	在制图中表示有共用的部分
19		单折	表示服装裁片需要打折的部分，单折又分为左单折和右单折
20		阴对折	表示服装裁片上需要缝制阴对折的部分
21		双阴对折	表示服装裁片上需要缝制双阴对折的部分
22		阳对折	表示服装裁片上需要缝制阳对折的部分
23		合并	表示服装纸样上或裁片上需要对准拼接的部分
24		打褶	表示服装裁片上需要打褶的部分
25		省道	表示服装裁片等部分需要缝制省道的标记
26		相等	服装制图中表示线的长度相同，同样符号线的长度相等
27		罗纹	表示服装裁片需要缝制罗纹的部分
28	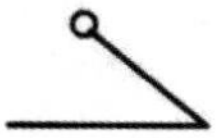	净样	表示服装裁片是净尺寸，不包括缝份

续表

序号	符号形式	名称	说明
29		毛样	表示服装裁片是毛尺寸，包括缝份在内
30		对条	表示服装裁片注意对准条纹的标记
31		归拢	表示服装裁片某部位需要熨烫归拢的标记
32		拨开	表示服装裁片某部位需要熨烫拨开的标记
33		钻眼	表示服装裁片某部位定位的标记
34		引出线	在制图过程中将图中某部位引出图外的标记
35		明线	表示服装裁片某部位需要缉明线的标记
36		纽位	表示服装上纽扣的位置

二、服装款式图手绘技法

随着科学技术的进步、电脑软件的开发，借助电脑技术来表现的服装设计款式图越来越得到市场的认可，较之传统绘画方式有了更大的优越性。但电脑绘制往往受到硬件与软件条件的制约，如果没有相应的软硬件就不能绘画或输出，在即时性与便捷性上没有手绘灵活方便。因此在设计创意快速出现时，设计师常常采用手绘的方式绘制款式图。

从理论上讲，任何可用于绘画的工具与技法都能用来表现服装设计款式图，但考虑到服装款式图的特点与工具的便捷性，常用的手绘方法可分为线描法与线面结合法。线描法主要是以单线白描表现，而线面结合法是以常用的绘画工具（如水粉、水彩、彩色铅笔、色粉笔、蜡笔、油画棒、马克笔等）以线面结合的表现技法绘画款式图。

1.线描法

以线描法来表现服装款式图一般都用单线勾勒，不上色彩。勾线的工具有铅笔、针管笔或毛笔等，绘画者可以根据个人的特点而定。铅笔及针管笔容易掌握，而毛笔勾线技巧性较强，需要经过一段时间的训练才能运用，如图6-11所示。

用来绘画款式图的线条可分为两种，一种是粗细随机变化的线条，另一种是粗细一致的规范性线条。粗细一致的规范性线条多借助直尺、三角尺、圆规、曲线板与铅笔、针管笔等工具来描绘线条，如果款式图要求对称的效果，用这种方法表现更为适合。这种线条表现方式常采用外粗内细的两种均匀线条来描画，外部轮廓用略粗的线条，内部结构与设计细节用略细的线条表现。

图 6-11　线描款式图

2. 线面结合法

线面结合的款式图表现方法是在线描的基础上将服装款式色彩的分布、图案装饰和面料材质的表现相结合，尽可能将服装的比例结构、材质色彩、设计细节等各方面进行详尽表现，其目的在于增强服装款式的直观效果以及生产销售等各个环节交流的通达。线面结合的表现方法与表现的工具有关，常用的有水粉平涂勾线、水彩勾线、彩色铅笔、色粉笔、油画棒、马克笔等表现技法，如图 6-12 ~ 图 6-14 所示。

图 6-12　水彩服装画技法展示 1

图 6-13　水彩服装画技法展示 2（作者：李慧慧）　　图 6-14　水彩服装画技法展示 3（作者：李慧慧）

三、服装款式图电脑绘制技法

　　计算机是一种数字化操作工具，现在能够用于设计的软件有多种，有些适用于平面设计，有些适于三维立体设计。从工具使用角度来说，基本的设计软件都可以对服装设计有所帮助，但侧重点可能有所不同。总体来讲，计算机的使用提高了设计效率、增强了设计效果，甚至在开发设计思维方面也有出色的表现。而常用来表现服装款式设计的计算机软件有 Photoshop、Illustrator、Painter、Coreldraw 等软件。

　　Adobe Photoshop 是美国 Adobe 公司开发的图像设计及处理软件，诞生于 20 世纪 80 年代末期，Photoshop 最初的程序是由密歇根大学的研究生 Thomas knoll 创建，后经 Thomas knoll 与其兄 John knoll 以及 Adobe 公司程序员的共同努力，Adobe Photoshop 产生巨大的转变，一举成为苹果机和 PC 机上最优秀的图形图像编辑软件，它的诞生引发了一场图像出版业的革命。Adobe Photoshop 是一个集图像扫描、编辑修改、图像制作、广告创意、图像合成、图像输入输出、网页制作于一体的专业图形处理软件。

　　Adobe Photoshop 为美术设计人员提供了无限的创意空间，可以从一个空白的画面或从一幅现成的图像开始，通过各种绘图工具的配合使用及图像调整方式的组合，在图像中任意调整颜色、明度、彩度、对比，甚至轮廓及图像；通过几十种特殊滤镜的处理，为作品增添变幻无穷的魅力，是从事平面设计人员的首选工具。

　　随着版本的不断提高，其功能也越来越强大。它的每一个版本都增添新的功能这使它获得越来越多的支持者也使它在这诸多的图形图像处理软件中立于不败之地。Adobe Photoshop 在电脑美术的二维平面领域里，是最具代表性的软件，掌握了它再学习其他绘图软件将事半功倍，如

图 6-15 所示。

图 6-15　电脑绘制效果图（作者：姚靖）

（一）专用名词基本认识

1. 分辨率

分辨率（resolution）是一个表示平面图像精细程度的技术参数。通常情况下，它是以横向和纵向点的数量来衡量图像的细节表现力，并以水平点数 × 垂直点数的形式来表示。在一个固定的平面内，分辨率越高，意味着可使用的点数越多，图像越细致。分辨率的种类有很多，其含义也各不相同。

（1）扫描分辨率

扫描分辨率是扫描仪最重要的一个指标，通常也用 dpi 来表示。扫描分辨率分为三种，即光学分辨率、机械分辨率和插值分辨率。

（2）光学分辨率

光学分辨率是衡量扫描仪感光元器件精密程度的参数。其定义是在横方向上每英寸（1in=2.54cm，下同）距离内，感光元器件所能获取的最多真实像素数。

（3）机械分辨率

机械分辨率是衡量扫描仪传动机构工作精密程度的参数。其定义是在纵方向上，扫描仪感光元器件每移动 1in，步进电机所走过的最多步数。例如扫描仪参数 600dpi×1200dpi，600dpi 即是光学分辨率，1200dpi 即是机械分辨率。

（4）插值分辨率

插值分辨率是指在真实的扫描点基础上插入一些点后形成的分辨率。因为插值分辨率毕竟是生成的点而不是真实扫描的点，所以，虽然提高分辨率增加了图像的细致率，但细节上跟原来的图形会有一定程度的差异，并不代表扫描的真实精度。而光学分辨率虽然数值较小，但它代表扫描的真实精度。

2. 位图与矢量图

（1）矢量图

矢量图也叫面向对象绘图，是用数学方式描述的曲线及曲线围成的色块制图的图形，它们是在计算机内部表现成一系列的数值而不是像素点，这些值决定了图形在屏幕上的不同形态表现。用户所做的每一个图形、每一个字母都是一个对象，每个对象都决定其外形的路径，一个对象与别的对象相互隔离，因此，可以自由地改变对象的位置、形状、大小和颜色。同时，由于这种保存图形信息的办法与分辨率无关，因此无论放大或缩小多少，都有一样平滑的边缘，一样的视觉细节和清晰度，如图 6-16 所示。矢量图形尤其适用于标志设计、图案设计、文字设计、版式设计等，它所生成文件也比位图文件要小一点。基于矢量绘画的软件有 Coreldraw、Illustrator、Freehand 等。

图 6-16　矢量图

（2）位图

位图也叫像素图，它由像素或点的网格组成，与矢量图形相比，位图的图像更容易模拟照片的真实效果。其运作方式就像是用画笔在画布上作画一样。如果将这类图形放大到一定的程度，就会发现它是由一个个小方格组成的，这些小方格被称为像素点。像素点是图像中最小的图像元素。一幅位图图像包括的像素点可以达到百万个，因此位图的大小和质量取决于图像中像素点的多少，如图 6-17 所示。通常说来，每平方英寸的面积上所含像素点越多，颜色之间的混合也越平滑，同时文件也越大。基于位图的软件有 Photoshop、Painter 等。

图 6-17　位图

基于矢量图的软件和基于位图的软件最大的区别在于：基于矢量图的软件原创性比较大，主要长处在于原始创作；而基于位图的软件，后期处理功能比较强大，主要长处在于图片的处理。放大的矢量图的边和原图一样是圆滑的，而放大的位图的边就带有锯齿状。

3. 颜色模式

颜色模式决定了用于显示和打印图像的颜色模型，它决定了如何描述和重现图像的色彩。常见的颜色模型包括 HSB（色相、饱和度、亮度）、RGB（红色、绿色、蓝色）、CMYK（青色、品红、黄色、黑色）和 Lab 等，因此，相应的颜色模式也就有 RGB、CMYK、Lab 等。此外，Photoshop 也包括了用于特别颜色输出的模式，如 Grayscale（灰度）、Index Color（索引颜色）和 Duotone（双色调）。

（二）Photoshop 基础组成

1. 页面设置

通过文件夹新建选项，弹出关于项目的设置对话框，可以进行宽度、高度、分辨率、颜色模式、背景内容等基本设置。服装款式图一般可选择国际标准纸张 A4，分辨率可以设置为300dpi，颜色模式为 RGB，背景为白色。PS 新建界面如图 6-18 所示。

图 6-18　PS 新建界面

2. 工作界面

Photoshop（简称 PS）的工作界面由菜单栏、选项栏、选项卡式文档窗、工具箱、面板组及状态栏六部分组成。

（1）菜单栏

组成 PS 工作界面第一部分的是菜单栏。对 PS 的绝大多数操作及窗口的定制都是由菜单栏的菜单提供的，其中包括 11 个菜单命令，分别是"文件""编辑""图像""图层""文字""选择""滤镜""3D""视图""窗口"和"帮助"。菜单栏位于 PS 软件的上方也就是顶端，如图 6-19 所标示的位置。

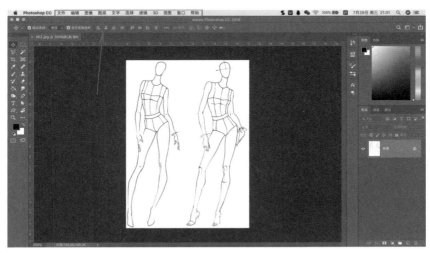

图 6-19　PS 工作界面菜单栏

（2）选项栏

组成 PS 工作界面第二部分的是选项栏。选项栏一般位于菜单栏的下方，选项栏的参数是不固定的，它会随着所选工具的不同而有所变化，如图 6-20 所标示的位置，所以也被称为工具选项栏。

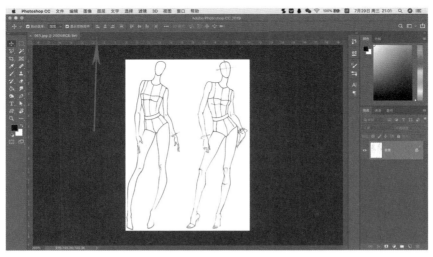

图 6-20　PS 工作界面选项栏

（3）选项卡式文档窗

组成 PS 工作界面第三部分的是选项卡式文档窗。在 PS 中同时操作两个或两个以上图片文件时，就需要用"选项卡式文档窗"来切换窗口，如图 6-21 所示的位置，以便区分文件的名称。

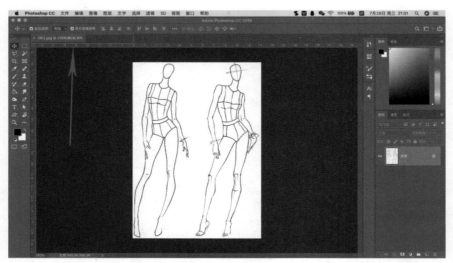

图 6-21　PS 工作界面选项卡式文档窗

（4）工具箱

组成 PS 工作界面第四部分的是工具箱。在 PS 中如果要进行选择、绘画、取样、编辑、移动、注释和查看图像更改前景色和背景色，以及进行图像的快速蒙版等操作时，就需要用到位于窗口左侧的工具箱，如图 6-22 所示的位置。在绘制服装效果图时会常用到套索、画笔、填充、吸管和仿制图章工具，通常为了绘图方便，设计师一般会使用快捷键。

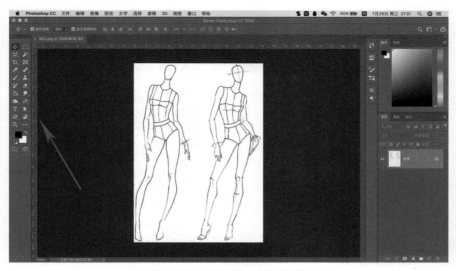

图 6-22　PS 工作界面工具箱

（5）面板组

组成 PS 工作界面第五部分的是面板组。图 6-23 中是面板组在 PS 中常用的面板排列方法，它曾被称为浮动面板，是移动的。现在它被默认放置在软件界面的右侧，如图 6-23 所示的位置，其中的调色与图层面板会被经常使用。

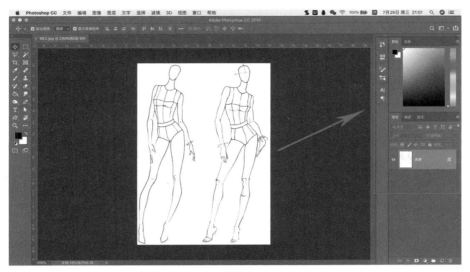

图 6-23　PS 工作界面面板组

（6）状态栏

组成 PS 工作界面第六部分的是状态栏。状态栏是用来缩放和显示当前图像的各种参数信息与当前所用的工具信息的，一般位于 PS 文档窗口的底部，如图 6-24 所示的位置。

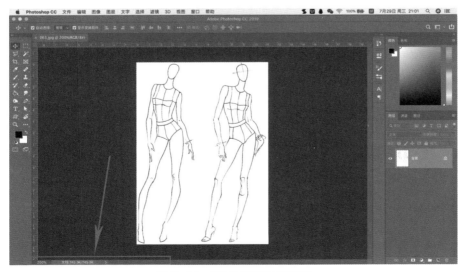

图 6-24　PS 工作界面状态栏

3.绘制步骤

步骤1：在白纸上手绘服装款式线稿，如图6-25所示。

图6-25　手绘款式图（作者：翟嘉艺）

步骤2：将手绘线稿扫描至电脑软件，如图6-26所示。

图6-26　扫描款式图（作者：翟嘉艺）

步骤3：将手稿扫描件调整至清晰，根据设计要求可保留手稿或重新使用钢笔工具进行再次描绘或进行细节调整，如图6-27所示。

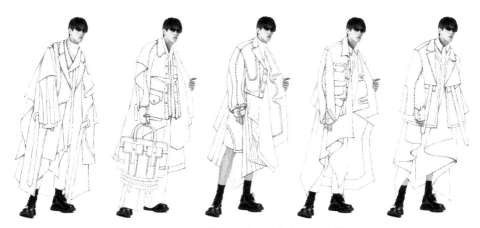

图6-27　PS描绘款式图（作者：翟嘉艺）

第三节　系列服装创意设计及案例分析

一、系列服装设计概述

（一）系列服装

　　系列服装有两大特点。一是整体性强，系列服装的造型变化是贯穿于整体的，每一件服装都具有其特色，但组合在一起又同属于一个风格，给人的感觉是流畅的、完整的。设计师在不同的主题设计中，从色彩、面料、款式构思等方面系统、完整地展示出一个系列服装的多层内涵，充分表达品牌的主题、风格和理念。二是协调统一，服装设计的基本要素为款式、色彩、面料三个方面的形态组合。系列服装设计中同样需要考虑服装的基本要素、人体及人穿着状态的造型形式，在设计时需要综合考虑服装与人各个方面的多样性与协调性，并完成系列服装中服装与服装之间、服装与人之间的协调统一。

　　根据组成系列的服装套数，系列服装可分为小系列（3～4套）、中系列（5～6套）、大系列（7～8套）、特大系列（9套以上）等。其中小系列和中系列多用于各类服装设计大赛，此类服装要求系列感要强，主题要明确，充分体现了该系列服装特点。大系列和特大系列多用于品牌服装发布会，此类系列服装的规模和风格取决于设计任务的需要，服装的定位、主题的表达、展示环境的条件因素等方面。

（二）系列服装设计

　　系列服装设计是指系列化的服装设计产品，在系列服装设计中服装之间相互关联，存在着某种延伸、扩展的元素，有着形成鲜明的系列产品的特征系。它们多是根据某一种主题而设计制作的具有相同因素而又多数量、多件套的独立作品。每一系列服装在多元组合中表现出来的次序性和和谐感，也是系列服装的基本特征。

系列服装设计的要点如下。

1. 同一元素在系列服装款式设计中多次出现

整体廓形、细节、面料、色彩、文字标志、材质肌理、结构形态、披挂方式等装饰附件或工艺，单个或多个在系列服装中反复出现，形成系列服装中某种内在逻辑联系，而使得该系列服装具有整体感。其中服装的同一元素在系列服装中的出现可增加其统一性、联系性，从而增强系列服装的凝聚力和独特性。同时元素出现的频率及方式影响着整体系列服装设计的观感和节奏。

2. 同一元素在系列服装款式设计中的应用

同一元素在系列服装中大小、长短、疏密、强弱、位置等形式上的变化，使款式具有不同的个性，但这样元素运用应当适度，否则会影响系列服装的整体性。

3. 系列服装设计中的统一与变化

为了使统一、变化这对矛盾在系列的内部完美结合，通常要表现出群体的完整统一和单体的局部变化。依据统一变化的规律来协调好各个要素会产生出以统一为主旋律或以变化为基调的服装系列，如图6-28所示。

图6-28　系列女装设计

二、系列服装设计表达

服装上的各种要素按品类需要可以凝聚成为系列服装的设计重点，甚至升华为设计主题，强调的重点不同，产生的系列表现形式也不同。

（一）泳装系列款式设计

现代泳装无论从色彩、式样、质料几方面都超越以往，形成了多色彩、多式样、高质量的泳装新潮流。一般多采用遇水不松垂、不鼓胀的纺织品制成，如图6-29～图6-31所示。

图 6-29 《秘果》系列服装效果图（作者：岳满）

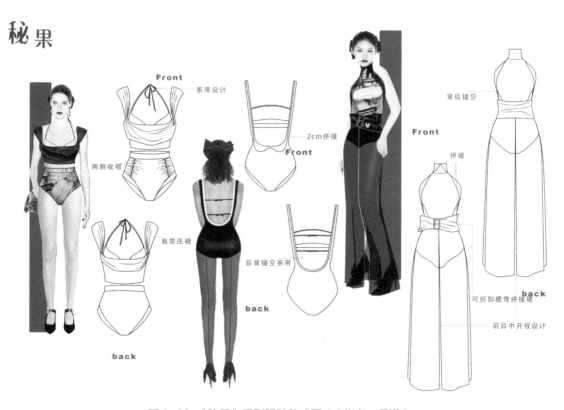

图 6-30 《秘果》系列服装款式图 1（作者：岳满）

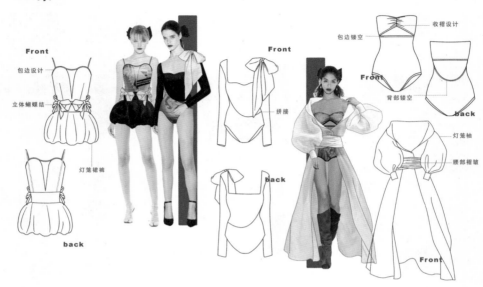

图 6-31 《秘果》系列服装款式图 2（作者：岳满）

（二）不同面料系列服装的款式设计

科学技术的进步开发出了越来越多的新面料，仅表现织物表面不同肌理的就有起绒、起皱、拉毛、水洗、石磨等种类。在服装设计中，不同材质的面料对比应用相映成趣，能产生出不同的外观效果。

在进行面料系列的服装设计时，必须考虑面料的风格与造型特征是否协调，如图 6-32 ~ 图 6-36 所示。

图 6-32 《瓦》系列服装效果图（作者：岳满）

款式图一

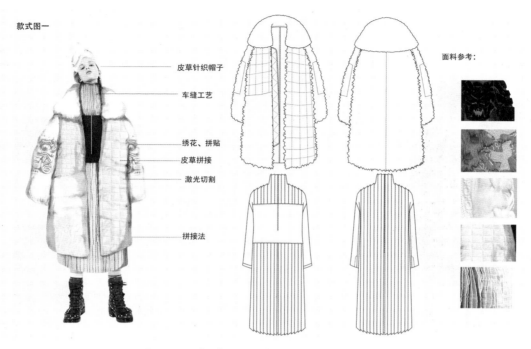

皮草针织帽子

车缝工艺

绣花、拼贴
皮草拼接
激光切割

拼接法

面料参考:

图6-33 《瓦》系列服装款式图1(作者:岳满)

款式图二

皮草针织帽子

车缝工艺

绣花、拼贴

激光切割

面料参考:

图6-34 《瓦》系列服装款式图2(作者:岳满)

款式图三

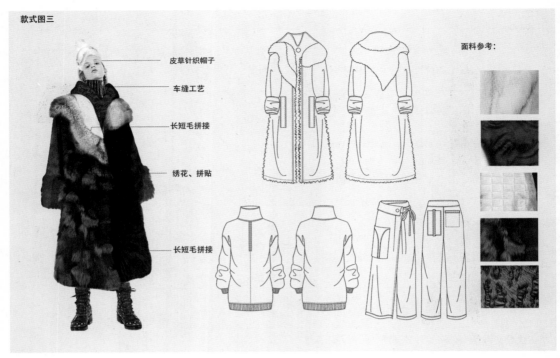

- 皮草针织帽子
- 车缝工艺
- 长短毛拼接
- 绣花、拼贴
- 长短毛拼接

面料参考：

图 6-35 《瓦》系列服装款式图 3（作者：岳满）

款式图四

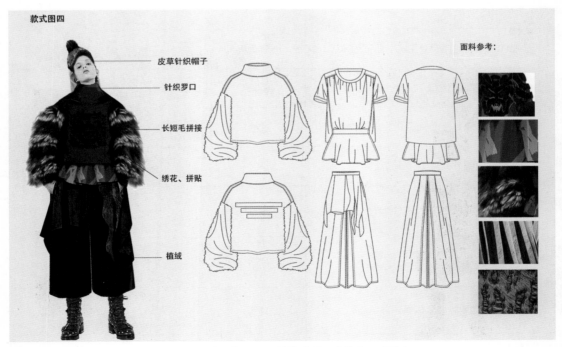

- 皮草针织帽子
- 针织罗口
- 长短毛拼接
- 绣花、拼贴
- 植绒

面料参考：

图 6-36 《瓦》系列服装款式图 4（作者：岳满）

（三）休闲系列服装款式设计

休闲服装能够迅速崛起并备受消费者的青睐，在于它强调了对人们及其生活的关心，以及参与了人们对现代生活方式的改造，使他们可以在部分场合和时间里，摆脱来自工作和生活等方面的重重压力。休闲并非是另一种生活方式，而是人们对久违了的纯朴自然之风的向往，如图6-37、图6-38所示。

图6-37 《不佛系的西行者》系列服装效果图（作者：翟嘉艺）

图6-38 《不佛系的西行者》系列服装款式图（作者：翟嘉艺）

（四）时尚运动系列服装款式设计

时尚运动服装设计多偏功能性、实用性，系列服装结合运动元素融入时尚设计，使服装创意造型区别于平常的基础成衣，更具层次感，如图 6-39 ~ 图 6-43 所示。

图 6-39 《Mutual builder》系列服装效果图（作者：胡文鑫）

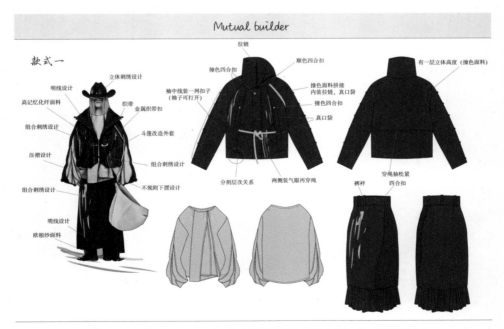

图 6-40 《Mutual builder》系列服装款式图 1（作者：胡文鑫）

Mutual builder

款式二

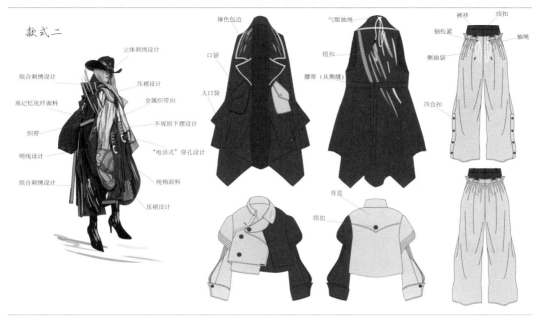

立体刺绣设计
组合刺绣设计
高记忆化纤面料
织带
明线设计
组合刺绣设计
压褶设计
金属织带扣
不规则下摆设计
"电话式"穿孔设计
纯棉面料
压褶设计

撞色包边
口袋
大口袋

气眼抽绳
纽扣
腰带（从侧缝）

育克
纽扣

裤袢　纽扣
抽松紧
侧插袋
抽绳
四合扣

图 6-41 《Mutual builder》系列服装款式图 2（作者：胡文鑫）

Mutual builder

款式三

压褶叠加帽沿设计
四合扣
高记忆化纤面料
组合刺绣设计
金属织带扣

"电话式"穿孔设计
可拆卸外套挂件
纯棉面料
明线设计
组合刺绣设计
不规则下摆设计

可拆卸的帽子（装拉链，纽扣均可）
调节扣
贴袋
气眼穿绳
立体口袋
拉链
抽绳

织带
小褶
门襟装按扣功能性
不规则袖口
松紧带

图 6-42 《Mutual builder》系列服装款式图 3（作者：胡文鑫）

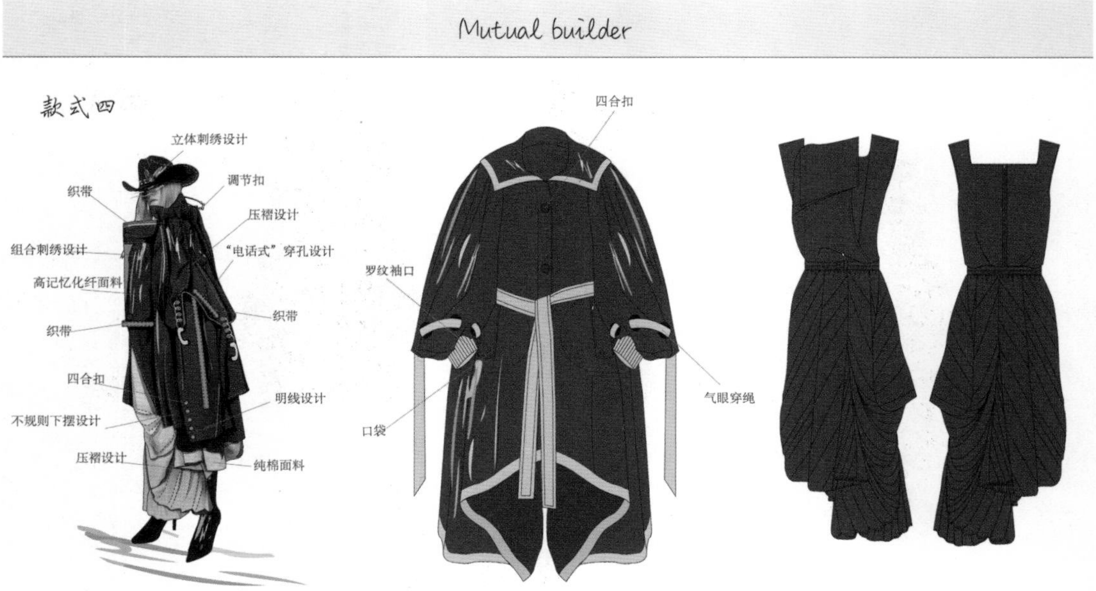

Mutual builder

款式四

立体刺绣设计
织带
调节扣
压褶设计
组合刺绣设计
"电话式"穿孔设计
高记忆纤纤面料
织带
织带
四合扣
明线设计
不规则下摆设计
压褶设计
纯棉面料

四合扣
罗纹袖口
气眼穿绳
口袋

图6-43 《Mutual builder》系列服装款式图4（作者：胡文鑫）

（五）女装系列款式设计

　　本系列女装的外造型虽一致，但内部结构细节不同，这使得整个系列服装在保持廓形特征一致的同时仍然有丰富的变化形式，能起到强调系列服装表现力的作用，如图6-44 ~ 图6-46所示。

图6-44 《一段关于龙的传奇》服装效果图（作者：徐文洁）

图 6-45 《一段关于龙的传奇》服装款式图 1（作者：徐文洁）

图 6-46 《一段关于龙的传奇》服装款式图 2（作者：徐文洁）

（六）男装系列款式设计

设计师可将服装中的某些细节作为系列元素，使之成为系列之中的关联性元素来统一系列中的多套服装。如面料图案的一致及服装配件的统一都会使这整套服装具有很强的系列感，如图 6-47、图 6-48 所示。

图 6-47 《Stealth myopia》系列服装效果图（作者：翟嘉艺）

图 6-48 《Stealth myopia》系列服装款式图（作者：翟嘉艺）

三、服装设计图系列贯穿与延伸

（一）服装设计图

我们这里谈到的服装设计图其实有很多种，如时装画、效果图、款式图或者服装草图等，虽然风格技法以及表现手法各有不同，但都是对服装的某种表达。

画效果图时，需要构思不同的可能性，并在画图的过程中反复淘汰和改进，这个过程是很关键的，我们看到的完整效果图往往是经过多次的删改后形成的最终效果。如何将头脑中的概念变成具体的服装款式，脱离服装设计图是不可能实现的，可以说服装设计图是构思成型的第一步。初期，可以绘制服装草图，服装草图要求的是速度、清晰和精确。灵感稍纵即逝，应在短时间内将自己的想法用草图的形式表现出来，如果时间允许，可以用手绘与电脑相结合的办法进一步细化。从服装草图中是最容易看出设计师的个人特征及绘画风格的，随性的勾勒不一定能够精确完整地表现设计师的想法，却可以快速抓住脑海中的灵感。

在草图完成之后，进行制作整理是绝对必要的。设计师对草图进行最后的修改之后，设计才算基本成型。当然这里也需要对色彩节奏、面料、主题展示、廓形、细节等进行把控，同时还要注意系列服装的可穿性。

概念明确、表达清晰完整的款式图可以对之后的系列服装设计起到指导和规范的作用。

（二）系列服装设计的流程

在系列服装成形的过程中，设计师应当遵循创意设计的流程，从获得灵感、启发概念、调查收集开始，逐步到确定主题、面料选择与设计、绘制草图和效果图、反复修改完善直至最终确定。有时，还需要制作版型、样衣和成品。在整个过程中，应当自始至终有条不紊、重点明确。

通常，系列服装设计需要具备连贯性，即系列的贯穿。成熟的设计师有能力将各种细节、色彩搭配、创意和工艺以某种方式结合在一起。系列感的设计都有一定的规律，而制定规律者的功力越高，最终的系列服装也就越成熟。为了方便初学者更好地理解系列服装的完整性，掌握系列服装设计的方法和流程，下面以一个设计案例进行说明。

1. 确定系列服装主题和设计灵感

在设计系列服装前首先要先确立系列服装想要表达的主题，并对主题进行关键字的提取和图片的搜索，从而确定系列服装的设计灵感，通过不同方式的调研将设计灵感进一步的深化，使得主题更加明确，如图 6-49 所示。

图 6-49 《racing kids》系列服装设计灵感 1（作者：林艺涵）

2. 对消费群体进行调研和分析

设计系列服装前最为重要的就是对消费群体进行调研，必须清晰设计对象的年龄阶层和他们的消费需求，才能对系列服装进行设计定位。了解清楚消费群体后便可以确立系列服装的风格并加深对该层次的分析，如图 6-50、图 6-51 所示。

消费者群体
CONSUMER GROUP

设计对象	运动性质	消费者需求

8-12岁 与众不同

喜欢表现自我

个性　　爱耍酷

热爱运动

爱挑战　冒险

户外

挑战

冒险

刺激

潮酷款式

穿着舒适

个性装饰

趣味混搭

实用功能

图 6-50 《racing kids》系列服装设计灵感 2（作者：林艺涵）

风格分析

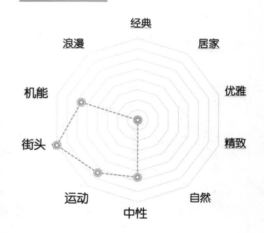

本系列的风格主要以街头运动风为主，融入机能感细节。使整个系列充满户外街头感。

图 6-51 《racing kids》系列服装设计灵感 3（作者：林艺涵）

3. 对系列服装廓形结构进行设计与调整

前期大量调研工作解析后便可以对系列服装进行廓形结构的设计，在设计过程中可以先确定版型，再从单个到系列来做相应的调整，能使系列更加统一，突出系列风格特色，如图 6-52、图 6-53 所示。

廓形结构设计
OUTLINE STRUCTURE DESIGN

宽松版型+落肩结构

设置较大的横向松量
穿着舒适
不过分限制运动

可调节版型

利于适应儿童生长
延长单品穿着期

适当加长袖长、衣长、裤长等；

顺应街头不羁风格
适合叠穿
延长服装使用寿命
（环保+节能）

图 6-52 《racing kids》系列服装廓形结构设计 1（作者：林艺涵）

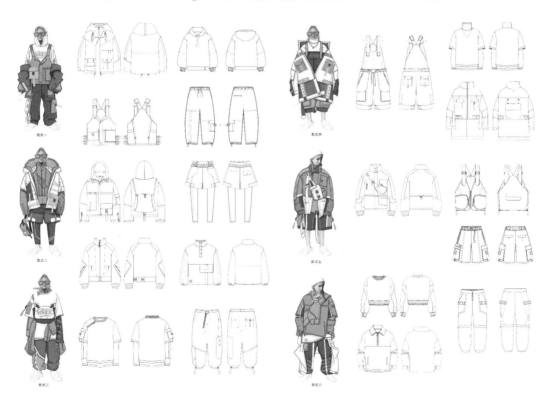

图 6-53 《racing kids》系列服装廓形结构设计 2（作者：林艺涵）

4. 对系列服装色彩进行搭配组合

廓形设计完成后便可以来尝试系列服装色彩的搭配。首先可以先对流行色进行提取，然后进一步分析着装心理，再将两者结合，得出符合主题设计的色彩，最后把提取的颜色运用在不同的色彩搭配和组合中，如图6-54、图6-55所示。

图6-54 《racing kids》系列服装色彩搭配1（作者：林艺涵）

图6-55 《racing kids》系列服装色彩搭配2（作者：林艺涵）

5. 对系列服装图案进行设计与应用

系列服装设计尤为重要的一点是图案的设计。因为图案的设计能突出和深化设计主题，点明设计中心。图案设计完成后也同样考验设计师的就是对图案的应用，其中有单独纹样的使用也有图案排列组合后的使用，都需要设计师反复地尝试最终得到最舒适的应用，如图 6-56、图 6-57 所示。

图 6-56 《racing kids》系列服装图案设计 1（作者：林艺涵）

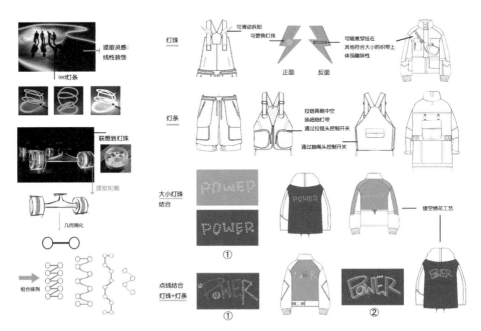

图 6-57 《racing kids》系列服装图案设计 2（作者：林艺涵）

6. 对系列服装细节进行设计与完善

　　服装细节是服装精致程度的体现，例如不同的口袋位置存在不同的功能和趣味。同时服装的细节能通过不同部位进行展现，如对衣领、脚口、分割线等的处理；增加版型的可调节性也能为系列设计添加亮点。服装细节设计也是众多设计师容易忽略的地方，如图 6-58 ～图 6-60所示。

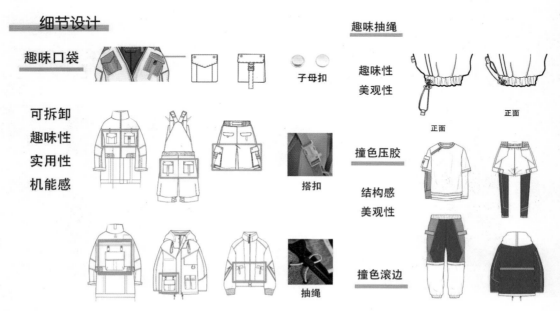

图 6-58 《racing kids》系列服装细节设计 1（作者：林艺涵）

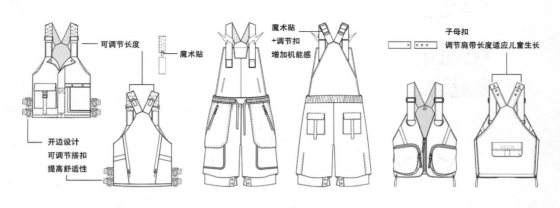

图 6-59 《racing kids》系列服装细节设计 2（作者：林艺涵）

图 6-60 《racing kids》系列服装细节设计 3（作者：林艺涵）

7. 对系列服装进行面料挑选与搭配

不同风格类型的系列服装也需要搭配不一样材质的面料，在面料的挑选上既要适应设计群体的年龄又要符合主题，并且同时能结合流行趋势，如图 6-61、图 6-62 所示。

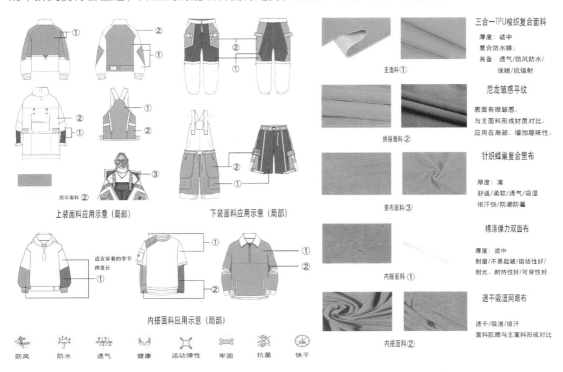

图 6-61 《racing kids》系列服装面料搭配 1（作者：林艺涵）

核心搭配

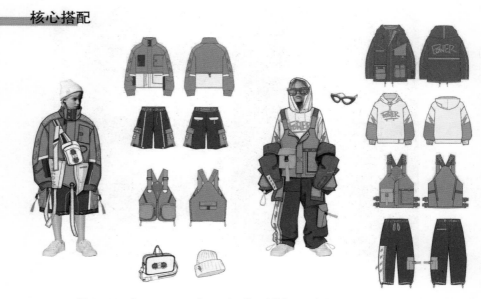

图 6-62 《racing kids》系列服装面料搭配 2（作者：林艺涵）

8. 完成系列服装效果图绘制

　　最后一步就是将前期的调研进行整合，然后绘制出最终的服装效果图，所以前期的调研过程是必不可少的，想要设计出一个吸引人的好系列并不是简单几笔可以完成的，过程才是对设计师的考验，如图 6-63 所示。

图 6-63 《racing kids》系列服装效果图（作者：林艺涵）

第七章
服装款式创意设计作品赏析

第一节　服装设计大师及作品

一、卡尔·拉格菲尔德

卡尔·拉格菲尔德（Karl Lagerfeld，1933 年 9 月 10 日—2019 年 2 月 19 日），出生于德国，是著名的国际服装设计大师。曾任香奈儿（Chanel）、芬迪（FENDI）两大品牌的艺术总监，时尚界人称"老佛爷""时装界的凯撒大帝"。2015 年 11 月 23 日于伦敦大剧院举行的英国时尚大奖典礼，授予一代传奇设计师卡尔·拉格菲尔德杰出贡献奖，以表彰其多年来在整个行业内缔造的伟大成就。

"老佛爷"在 1965 年，为芬迪品牌担任艺术总监。其中芬迪著名的双 F 标志也是出自卡尔之手。"老佛爷"富有戏剧性的设计理念使芬迪品牌服装获得全球时装界的瞩目及好评，将芬迪推到了高级时装的一线地位（图 7-1）。

图 7-1　芬迪时尚大片

二、三宅一生

三宅一生（Issey Miyake），1938 年 4 月 22 日出生，日本著名服装设计师。他以极富工艺创新的服饰设计与展览而闻名于世。其后以自己的名字创建了自己的品牌，三宅一生设计理念根植于日本的民族观念、习俗和价值观，成为知名的世界优秀时装品牌。

他的时装极具创造力，集质朴、基本、现代于一体。三宅一生似乎一直独立于欧美的高级时装之外，他的设计思想几乎可以与整个西方服装设计界相抗衡，是一种代表着未来新方向的崭新设计风格。三宅一生的设计直接延伸到面料设计领域。他将自古代流传至今的传统织物，应用了现代科技，结合他个人的哲学思想，创造出独特而不可思议的织料和服装，被称为"面料魔术师"。

三宅一生的设计贯穿了人道的思考。他认为人们需要的是随时可以穿的、便于旅行的、易保管的、轻松舒适的服装，模特随意地做着舒展动作，服装随着人体而摆动，舒适又具有美感，服装赋予了人们轻松自由的气息。

三宅一生2018年早秋系列服装新品形象大片（图7-2），体现了他一贯的风格。他设计的褶皱面料可以随意一卷，捆绑成一团，不需要干洗熨烫，要穿的时候打开依然平整如故。这是服装面料上的一次革命性事件。并且三宅一生的很多服装模特都不是规规矩矩在T台行走而是运动着的，更加显得与众不同。他偏爱稻草编织的日本式纹染、起皱织物和无纺布，独爱黑色、灰色、暗色调和印第安的扎染色。三宅一生所运用的晦涩色调充满着浓郁的东方情愫。他喜欢用大色块的拼接面料来改变造型效果，格外加强了作为穿着者个人的整体性，使他的设计醒目而与众不同。

图7-2　三宅一生作品

三、瓦伦蒂诺·加拉瓦尼

瓦伦蒂诺·加拉瓦尼（Valentino Garavani）1932年出生于意大利，1960年在罗马成立了瓦伦蒂诺公司，是时装史上公认的最重要的设计师和革新者之一。这位以富丽华贵、美艳灼人的设计风格著称的世界服装设计大师，用他那与生俱来的艺术灵感，在缤纷的时尚界演绎着贵族生活的优雅，引导着一种豪华、奢侈的现代生活方式。他经营的瓦伦蒂诺（Valentino）品牌以考究的工艺和经典的设计，成为追求十全十美的社会名流们的钟爱。他出色的成就被世界时装界公认其雄居于包括伊夫·圣·洛朗、皮尔·卡丹等在内的世界八大时装设计师之首。

瓦伦蒂诺喜欢用最纯的颜色，其中鲜艳的红色可以说是他的标准色。瓦伦蒂诺做工十分考究，从整体到每一个小细节都做得尽善尽美。20 世纪 60 年代中期，瓦伦蒂诺已成为无可争议的意大利知名时装设计师，1967 年，他获得了 Neiman Marcus 大奖，相当于当时时尚界的奥斯卡大奖。

瓦伦蒂诺首创用字母组合作为装饰元素，最典型的是 1968 年的"白色系列"，他的"V"开始出现在时装、饰品及带扣上。通过他的设计手稿作品便可得知瓦伦蒂诺喜欢设计深 V 领搭配紧贴的腰身，再配上华丽的大裙摆更加凸显女性纤细的腰部。用深 V 领展示女性美好的身材，表达自信与华美。

近些年，瓦伦蒂诺的服装设计风格以浓郁的异国风情为主旋律：美丽的刺绣和流苏，辛辣香料色系和浪漫热带风情，色彩有小鸟色、鲑鱼色、橄榄色以及芥末色等在他的作品中都有大胆的体现。图案则取材摩洛哥及印度的传统服饰与灵感，不论是刺绣、流苏或缀辅皮饰的处理，细腻精巧的工艺皆令人叹为观止。瓦伦蒂诺品牌服饰每年总有意想不到的服装发布，它代表着一种华丽壮美的生活方式，体现着古罗马宫廷的富丽堂皇，代表着奇特的时尚潮流观点，概括起来就是对于永恒和原始的敏感把握（图 7-3）。

图 7-3　瓦伦蒂诺·加拉瓦尼作品

四、乔治·阿玛尼

乔治·阿玛尼（Giorgio Armani），是一位著名的意大利时装设计师。1934 年 7 月 11 日出生于意大利皮亚琴察，学习过医药及摄影，曾在切瑞蒂任男装设计师，1975 年创立乔治·阿玛尼公司。

乔治·阿玛尼在国际时装界是一个富有魅力的传奇人物。他设计的时装优雅含蓄，大方简洁，做工考究，集中代表了意大利时装的风格。乔治·阿玛尼曾经在 14 年内包揽了世界各地 30 多项服装大奖，其中包括闻名遐迩的 "Cutty Sark"。男装设计师奖被他破纪录的连获六次。阿玛尼（Armani）品牌的时装在大众心中已经超出其本身的意义，成为事业有成和现代生活方式的象征。

在两性性别越趋混淆的年代，服装不再是绝对的男女有别，乔治·阿玛尼即是打破阳刚与阴柔的界线，引领女装迈向中性风格的设计师之一。图 7-4 是他 2019 年早秋系列作品。女性身着黑色西装，简约的中性化剪裁，模糊了性别的差别，让女性也拥有了帅气的感觉。阿玛尼的男女服装风格，多是简单的套装搭配完美的中性化剪裁，不论在任何时间、场合，都没有不合宜或褪流行的问题，来自全球的拥护者更是跨职业、跨年龄。

图 7-4　阿玛尼品牌服装展示

五、亚历山大·麦昆

亚历山大·麦昆（Alexander McQueen，本名：Lee Alexander McQueen，1969 年 3 月 17 日—2010 年 2 月 11 日），出生于伦敦，英国著名服装设计师，有 "坏孩子" 之称，被认为是英国的时尚教父。

1991 年，麦昆进入圣·马丁艺术设计学院，获艺术系硕士学位。1992 年，自创品牌。1993 年起相继在英国、日本、意大利等国的服装公司工作。在伦敦的一次时装展中被《Vogue》的著名时装记者 IsabellaBlow 采访报道，使他从此走上国际舞台。1994 年，担任圣·马丁艺术设计学院的裁缝教师。1996 年，为法国著名的纪梵希（Givenchy）设计室设计成衣系列。1997 年，担任 Givenchy 法国顶尖品牌的首席设计师。1998 年，他设计的 "纪梵希'99 春 / 秋时装展"在巴黎时装周上获得一致好评。他在 1998 年为影片《泰坦尼克号》的女主角扮演者凯特温丝莱特设计了她出席奥斯卡颁奖晚会的晚装。2010 年 2 月 11 日，麦昆在伦敦家中自缢身亡。

麦昆是时尚圈不折不扣的鬼才，他的设计总是妖异出位，充满天马行空的创意，极具戏剧性。他的作品常以狂野的方式表达情感力量、天然能量、浪漫但又决绝的现代感，具有很高的辨识度。他总能将两极的元素融入一件作品之中，比如柔弱与强力、传统与现代、严谨与变化等。细致的英式定制剪裁、精湛的法国高级时装工艺和完美的意大利手工制作都能在其作品中得以体现。另外，麦昆充满创意的时装表演，更被多位时装评论家誉为是当今最具吸引力的时装表演。

Alexander McQueen 的 2010 春夏系列被蒙上梦幻的色彩（图 7-5），以"柏拉图的亚特兰蒂斯"为主题的系列充斥着强烈的色彩冲击，各样的蛇皮、鲨鱼皮纹理让人有些晕眩，但麦昆心中的这片海却成为他最后的杰作。

图 7-5　亚历山大·麦昆作品

六、川久保玲

川久保玲(Rei Kawakubo) 出生于 1942 年 10 月 11 日，是一位日本的服装设计师，出生于东京，毕业于庆应义塾大学。1973 年，她在东京建立了自己的公司，并向世界展示了一种革命性的新型穿衣方式。

这位在法国发展的日本女设计师，以"Comme des Garcons"直截了当地说出她理解的流行与设计概念（法文"Comme"有"如何"和"像"的意思，"Comme des Garcons"就是As Boys，"像男生一样"的意思）。独创一格的前卫形象，融合着东西方的概念，是川久保玲被誉为"另类设计师"的原因。川久保玲在日本更是时尚教母级的设计师。

川久保玲将日本沉静典雅的传统元素、立体几何模式、不对称的重叠创新剪裁，加上利落的线条，呈现出很意识形态的美感，就如同她为其品牌"Comme des Garcons"的命名一般，创意十足。川久保玲相信，所有这些领域其实是一个视野的不同部分，因而有着内在的密不可分的联系。川久保玲在东京的"Aoyama"店，其装饰有蓝点的玻璃斜屋顶非常著名，这是由川久保玲和另一建筑师共同设计的杰作。20世纪80年代前期，她以不对称、曲面状的前卫服饰闻名全球，受到许多时尚界人士的喜爱，从那时开始，她就一直在为实验而奋斗，永远创造着比时装界流行超前得多的原型和概念服装。

图7-6是川久保玲秋冬时装作品，立体的廓形是当季的主打。以皮革、羊毛毡布、绵绸塑造出形体各异的廓形，突破观众们对未来的认知。川久保玲行事非常低调，很少被媒体曝光，她宁愿用其充满灵感的设计作品为自己代言。

图7-6　川久保玲作品

七、高田贤三

高田贤三（Kenzo，也有译为"凯卓"，1939年2月27日—2020年10月4日），生于日本兵库县姬路市，日本时尚设计师，著名时尚品牌KENZO（包括香水，化妆品及时装）的创始人。

高田贤三是第一个闯荡巴黎的亚洲设计师，他向后来者展示了一条成功之路。高田贤三的乐观精神和诗意美一直延续在设计中。他像一块艺术的海绵，汲取各种不同的文化素材，然后通过他天才的联想与现代时尚充分融汇，幻化出充满乐趣和春天气息的五彩作品。高田贤三大胆吸收各民族服饰特点，打破传统过于平衡的设计，充分利用东方民族服装的平面构成和直线裁剪的组合，形成宽松、自由的着装风格，同时高纯度颜色面料的选用和多色彩自由配组的着装方式更是高田贤三独具的特色。这位带着一脸灿烂微笑，留着浓密的娃娃式长发，谦逊而幽默的艺术家在通往巴黎的成功途中也历经了暗淡而艰难的日子，但他的作品却始终没有丝毫的忧伤，就像雷诺阿（Renior）的画一样，只有快乐的色彩和浪漫的想象。他因此而被称作"时装界的雷诺阿"。

图7-7是高田贤三2020年巴黎秋冬大秀的作品，他用这些作品歌颂漫游者的生活。秀场被设计成可模块化的游牧主题，由明管状结构装置组成，他将亚洲东方的诗意与欧洲严谨的剪裁相融合。随着身体摇曳的剪裁彰显活力和苗条的轮廓，叠加材料的层次感更增添了冲击力。

图7-7 高田贤三2020年巴黎秋冬大秀中的作品

八、山本耀司

山本耀司（Yohji Yamamoto），1943年出生于日本，是世界时装日本浪潮的设计师和新掌门人。他以简洁而富有韵味、线条流畅、反时尚的设计风格而著称。

山本耀司是个谜，是个集东方沉稳细致的性格于一身的谜。他的时装创作正是以一种无国界、无民族差别的手法把这个谜展示在公众的面前。东方人自然比西方人更能理解山本耀司。山本耀司是20世纪80年代闯入巴黎时装舞台的先锋派人物之一，他与三宅一生、川久保玲一起，把西方的建筑风格设计与日本服饰传统结合起来，使服装不仅仅是躯体的覆盖物而是成为着装者、身体与设计师精神意韵这三者交流的纽带。山本耀司喜欢从传统日本服饰中吸取美的灵感，通过色彩与质材的丰富组合来传达时尚的理念。在西方设计师多在人体模型上进行从上至下的立体裁剪，山本耀司则是以两维的直线出发，形成一种非对称的外观造型，这种别致的意念是日本传统服饰文化中的精髓，因为这些不规则的形式一点也不矫揉造作，而是显得自然流畅。在山本耀司的服饰中，不对称的领型与下摆等屡见不鲜，该品牌的服装穿在身上后也会跟随体态动作呈现出不同的风貌。山本耀司并未追随西方时尚潮流，而是大胆发展日本传统服饰文化的精华，形成一种反时尚风格。这种与西方主流背道而驰的新着装理念，不但使他在时装界站稳了脚跟，还反过来影响了西方的设计师。

　　山本耀司在每一季他的服装发布会上都会用黑色，并且会在黑色面料上不断地解构、破坏、排列、重组出设计细节，给人们带来惊喜。图 7-8 里展示的服装依然有着山本式褶皱和纤细袖管的外套，让穿着者显得纤瘦修长。最后蒙着黑色头巾上场又突然揭开面对世界的姿态，让我们想起山本耀司说的："当一个女人，隐藏或已经放弃自己的女性特质时，这股能量越容易从她的内心汹涌出来。"

图 7-8　山本耀司秋冬女装作品

九、加布里埃·香奈儿

　　加布里埃·香奈儿（Gabrielle Bonheur Chanel，图 7-9），1883 年出生于法国的索米尔。法国时装设计师，香奈尔品牌的创始人。

　　加布里埃·香奈儿对现代主义的见解，男装化的风格，简单设计之中见昂贵的品位，使她成为 20 世纪时尚界重要人物之一。她倡导女权，既赋予女性行动的自由，又不失温柔优雅。她简化服装廓形，设计符合自己审美的服装，她的风格在当时独树一帜，从男装、运动装和工装中汲取灵感，将女性从紧身胸衣中解放。在当时所处的战争年代，她的服装舒适不拘束，布料采用软粗花呢，这种服装创造了"奢华的贫穷"。在 20 世纪 20 年代，加布里埃·香奈儿设计了不少创新的款式，例如针织水手服，樽领套衣配上长串珍珠项链。她也推出了女装裤子，在当时的女性只穿裙子，因此她的设计影响了当时女性的穿衣风格。加布里埃·香奈儿的个人名言："愿我的传奇常留世人心中，永远鲜明如新"。

　　加布里埃·香奈儿开创的"小黑裙"以其完美的极简主义风格始终位列时尚前沿从不曾过时，搭配珍珠项链，给人优雅的女性魅力。很多服装样式都与她有着千丝万缕的联系：一字领、毛衣搭配珍珠、海员扣领短上衣、平顶硬草帽和贝雷帽、米白色、带镀金链条的手袋，这些无不属于香奈儿的时尚经典，如图 7-10 所示。

图 7-9　加布里埃·香奈儿　　　　图 7-10　香奈儿作品

十、克里斯汀·迪奥

克里斯汀·迪奥（Christian Dior）1905 年出生于法国格兰维尔，毕业于科学政治学院，迪奥的创始人。1957 年，克里斯汀·迪奥不幸猝于心脏病。

克里斯汀·迪奥最出名的设计"花冠"系列在第二次世界大战后重现了巴黎时装辉煌，令全世界都对他的大胆无畏惊讶不已，即刻获得了"新风貌"的称号。他的设计风格预示着全世界从厌战的萎靡不振中开始愈合。迪奥的束腰套装，可谓"花冠"系列服装廓形的经典，不仅在这一时装系列中最受追捧，也引发了最多的模仿。克里斯汀·迪奥的新风貌重新确立了巴黎时尚之都的地位，并且拯救了重要的高级时装定制产业，引发多国皇室和众多名流争相购买。

图 7-11 是克里斯汀·迪奥新风貌的代表作。该时装具有鲜明的风格：裙长不再曳地，强调女性隆胸丰臀、腰肢纤细、肩形优美的曲线，打破了战后女装保守古板的线条。

图 7-11　克里斯汀·迪奥设计作品

1948 年他推出的"飞翔"系列展示了新型裙装，与之搭配的夹克背部蓬起，恍若欲飞的翅膀，衣领立起。随后的几年，克里斯汀·迪奥不断研究打磨，将裙子改造成直筒型款式，成为 20 世纪 50 年代的又一经典，他还采用了马蹄领、苦力帽、公主线裙子以及卡蒂冈夹克，这些无一不是这个时代的女装经典。

第二节　创意服装作品赏析

一、《绣河山》系列女装设计

本系列女装设计见图 7-12 ～图 7-18。

作品点评：本系列设计出于对中国文化的热爱，色调从深邃冷淡的水墨色彩逐渐变化至淡雅鹅黄，真实还原山水一色的壮观景象并呈现在服装之上，展现女性身上愉悦自由之感。

交叉折叠的自然褶皱或利用面料的垂感形成的荡领等立体褶裥的服装造型设计为本系列创新提供着丰富的空间。色彩上以中性色为主，简约的设计加大量感的宽松廓形，塑造休闲、洒脱而又精致的女性形象。

图 7-12　《绣河山》系列女装效果图（作者：岳满）

出于对中国传统文化热爱
延伸出本系列服装设计，
灵感源于一次旅途经历，本系列以"绣河山"为主题，
色调从深邃冷淡的水墨色彩逐渐变化至淡雅鹅黄，
真实还原山水一色的壮观景象并呈现在服装之上，展现都市女性身上"自由愉悦的精神"

图 7-13 《绣河山》系列女装灵感来源（作者：岳满）

简洁的黑白灰色调，顺色的穿着搭配，
使整体看起来更显高级感，
营造出云雾环绕群山的黎明淡雾意念，
勾勒出山水之景，带着中国山水画作的独到神韵输出着东方文化。

降低色彩的饱和度，利用同色或撞色的大色块拼接，
赋予款式复古与时髦的结合，
打造独具个性的时尚单品。

在色彩上多以中性色为主。
简约的设计和加大量感的宽松廓型，
加上腰带、局部解构、拼接等设计，
塑造休闲、洒脱而又精致的女性形象。

中国特色风情与简约的美学概念糅合，
开拓崭新的时装新境地。
带有经典优雅气息，融合现代感性与永恒的东方美学。

图 7-14 《绣河山》系列女装设计说明（作者：岳满）

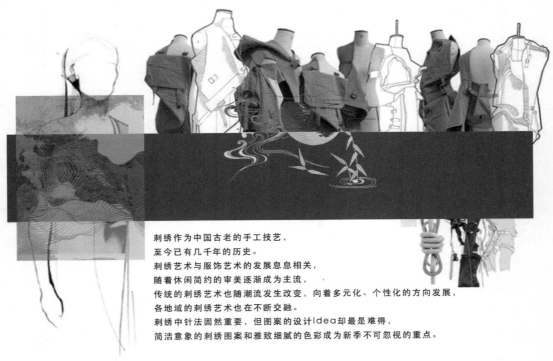

刺绣作为中国古老的手工技艺，
至今已有几千年的历史。
刺绣艺术与服饰艺术的发展息息相关，
随着休闲简约的审美逐渐成为主流，
传统的刺绣艺术也随潮流发生改变，向着多元化、个性化的方向发展，
各地域的刺绣艺术也在不断交融。
刺绣中针法固然重要，但图案的设计Idea却最是难得，
简洁意象的刺绣图案和雅致细腻的色彩成为新季不可忽视的重点。

图 7-15 《绣河山》系列女装工艺说明（作者：岳满）

图 7-16 《绣河山》系列女装成衣展示（作者：岳满）

图 7-17 《绣河山》系列女装细节 1（作者：岳满）

图 7-18 《绣河山》系列女装细节 2（作者：岳满）

二、《Yellow Submarine》系列男装设计

本系列设计见图 7-19 ～图 7-28。

作品点评：本系列设计灵感来源于披头士，整体设计偏成衣化，市场转换率高。色彩以整体黑色、蓝色为主加以饱和度较高的明黄色，打破沉闷。面料选择牛仔、丝绸及太空棉进行设计，形成质感对比，增加造型感。细节处理采用橡皮章、织带等，为整体服装增加设计亮点和创意。

图 7-19 《Yellow Submarine》系列男装效果图（作者：陈丁丁、岳满）

图 7-20 《Yellow Submarine》系列男装款式图 1（作者：陈丁丁、岳满）

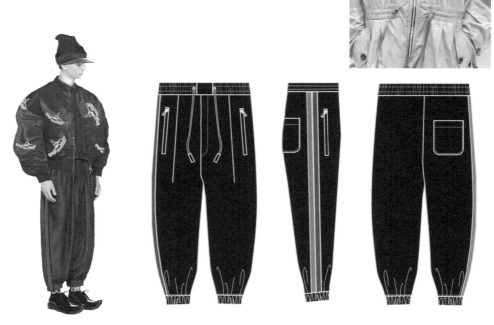

图 7-21 《Yellow Submarine》系列男装款式图 2（作者：陈丁丁、岳满）

图 7-22 《Yellow Submarine》系列男装款式图 3（作者：陈丁丁、岳满）

图 7-23 《Yellow Submarine》系列男装款式图 4（作者：陈丁丁、岳满）

外侧裤脚做法
红边布劈缝做到4.5cm宽
中间车蓝色贴布（面料）

内侧裤脚做法
红边色面料包边

图 7-24 《Yellow Submarine》系列男装款式图 5（作者：陈丁丁、岳满）

图 7-25 《Yellow Submarine》系列男装款式图 6（作者：陈丁丁、岳满）

图 7-26 《Yellow Submarine》系列男装款式图 7（作者：陈丁丁、岳满）

图 7-27 《Yellow Submarine》系列男装款式图 8（作者：陈丁丁、岳满）

图 7-28 《Yellow Submarine》系列男装拍摄（作者：陈丁丁、岳满）

三、《秘果》系列泳装设计

本系列设计见图 7-29 ~ 图 7-31。

作品点评：本系列泳装以 20 世纪 90 年代街头文化融入设计，体现年轻一代敢于表达自我的精神追求。款式上以复古风格为主，增加立体蝴蝶结设计，使整体更加灵动；印花采用波谱艺术拼贴画再处理；细节边饰使用明线处理，增加系列泳装的支撑感与运动感。整体设计舒适而不乏个性。

图 7-29 《秘果》系列泳装设计效果图（作者：岳满）

图 7-30 《秘果》系列泳装设计成衣展示 1（作者：岳满）

图 7-31 《秘果》系列泳装设计成衣展示 2（作者：岳满）

四、《云上》创意服装设计

本系列设计见图 7-32、图 7-33。

作品点评：本设计灵感来源于"云"，干净、质朴，整体呈现出轻盈多变之感，欧根纱的选用更贴合主题，不规则的拼接设计为服装整体增加了设计感，同时可以利用光影效果呈现出不同的视觉感受。

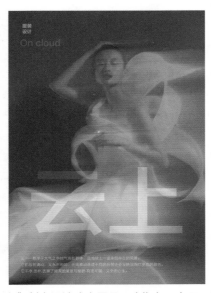

图 7-32 《云上》创意设计成衣展示 1（作者：李正、岳满、徐倩蓝）

图 7-33 《云上》创意设计成衣展示 2（作者：李正、岳满、徐倩蓝）

五、《忆·空》创意服装设计

本系列设计见图 7-34 ~ 图 7-37。

作品点评：本设计灵感来源于中国传统文化，以中国红色为主色调，奠定整体服装基调。元素选用鹤为设计图案，加以刺绣工艺，使整体服装更具质感。

图 7-34 《忆·空》创意服装效果图（作者：陈丁丁）

图 7-35 《忆·空》创意设计成衣展示 1（作者：陈丁丁）

图 7-36 《忆·空》创意设计成衣展示 2（作者：陈丁丁）

图 7-37 《忆·空》创意设计成衣展示 3（作者：陈丁丁）

参考文献

［1］李正，徐崔春，李玲等.服装学概论［M］.2版.北京：中国纺织出版社，2014.

［2］李正.服装结构设计教程［M］.上海：上海科技出版社，2002.

［3］刘元风.服装人体与时装画［M］.北京：高等教育出版社，1989.

［4］李当歧.服装学概论［M］.北京：高等教育出版社，1990.

［5］吴卫刚.服装美学［M］.北京：中国纺织出版社，2000.

［6］张星.服装流行与设计［M］.北京：中国纺织出版社，2000.

［7］刘元风.服装设计［M］.长春：吉林美术出版社，1996.

［8］张德兴.美学探索［M］.上海：上海大学出版社，2002.

［9］弗龙格.穿着的艺术［M］.南宁：广西人民出版社，1989.

［10］张竞琼，蔡毅.中外服装史对览［M］.上海：东华大学出版社，2000.

［11］徐青青.服装设计构成［M］.北京：中国轻工业出版社，2001.

［12］陈明艳.女装结构设计与纸样［M］.上海：东华大学出版社，2012.

［13］李正，李梦园，李婧，于竣舒.服装结构设计［M］.上海：东华大学出版社，2015.

［14］杨威.服装设计教程［M］.北京：中国纺织出版社，2007.

［15］侯家华.服装设计基础［M］.北京：化学工业出版社，2017.

［16］李超德.设计美学［M］.合肥：安徽美术出版社，2004.

［17］张金滨，张瑞霞.服装创意设计［M］.北京：中国纺织出版社，2016.

［18］唐前.美的世界［M］.成都：四川人民出版社，1994.

［19］江汝南.服装电脑绘画教程［M］.北京：中国纺织出版社，2013.

［20］王晓威.服装设计风格鉴赏［M］.上海：东华大学出版社，2008.

［21］［美］史蒂文·费尔姆.国际时装设计基础教程［M］.陈东维，译.北京：中国青年出版社，2011.

［22］张文斌.服装工艺学·结构设计分册［M］.3版.北京：中国纺织出版社，2001.

［23］丰蔚.成衣设计项目教学［M］.北京：中国水利水电出版社，2010.